KIT. 가족들에게 띄우는 편지

KIT.
미래를
그리다

지은이 | 김대식
만든이 | 최수경
만든날 | 2023년 3월 5일
만든곳 | 글마당 앤 아이디얼북스
          (출판등록 제2008-000048호)
          서울 종로구 인사동길49
          안녕인사동 408호
전 화 | 02)786-4284
팩 스 | 02)6280-9003
이 멜 | madang52@naver.com

I S B N | 979-11-93096-04-8(03400)

책값 18,000원

지난 2년 동안 '영업사원 1호'라는 명함을 지니고

대한민국이 인구절벽의 수렁에 빠졌다고 이야기합니다.

'페스트(흑사병)가 유럽에 몰고 온 인구 감소를 능가한다'는 이야기가 나올 정도입니다. 일본의 한 경제지에서 우리나라의 미래를 전망하며 '피크코리아'라는 단어를 내놓기도 했습니다. 한국 경제가 정점에 도달했고 이제 장기적인 하향세에 접어들 것이라는 의미입니다.

특히 국내 대학은 이런 영향을 고스란히 받아내고 있습니다. 인구절벽의 효과는 학령인구 감소로 이어져 대학의 목줄을 죄고 있습니다. 뿐만 아니라 노동력 감소로 인한 저성장을 부추겨 대한민국의 미래조차 암울하게 만들고 있습니다.

저는 이러한 학령인구 감소가 정점을 찍고 있는 2022년 경남정보대학교의 총장에 취임했습니다. 1965년 개교 이래 최초의 모교 출신 총장이 됐다는 영광스러운 수식어를 얻었습니다. 하지만 어려운 대학 주변의 환경에 적응하고 이를 극복할 방법을 찾아야 한다는 숙제도 함께 안았습니다.

지난 2년 동안 '영업사원 1호'라는 명함을 만들어 학교와 산업체에서, 때로는 해외에서 분주히 뛰어다녔습니다. 교육의 변화와 기회에 대응하고 새로운 대학의 미래를 만들어가기 위해 노력했습니다.

동분서주하는 동안 제게 가장 힘이 되었던 것은 대학 구성원들의 헌신적인 배려와 협조, 그리고 열정이었습니다. 특히 교직원과의 협력을 기반으로 한 학생들, 지역사회와의 소중한 소통은 대학을 더욱 튼튼하게 만들어 주었습니다.

이 책은 여러 구성원과 함께한 지난 2년 동안의 열정과 배려의 이야기를 담은 특별한 여행의 기록입니다. 매주 화요일 교직원들에게 전하는 메일은 작은 소통 창구로서, 대학 내에서 일어나는 흥미로운 이야기를 나누며, 구성원들에게 감사의 마음을 전하고자 하는 의지에서 출발했습니다.

경남정보대학교(KIT, Kyungnam college of Information & Technology)는 항상 변화에 적극적으로 대처하며, 더 나은 미래를 향해 나아가기 위해 노력하고 있습니다. 이 의지는 59년 전 이곳 척박한 땅에 하나님의 대학을 일구신 장성만 설립자님과 동서학원 박동순 이사장님으로부터 비롯된 것이라 할 수 있습니다.

특히 가난한 농부의 아들로 태어난 제가 대학교수가 되고 모교의 총장이 될 수 있었던 것도 이 두 분의 가르침 덕분입니다. 특별히 존경과 감사의 말씀을 드립니다.

그리고 제가 어디를 가나 든든하게 후원자의 역할을 해주고 있는 장제국 동서대학교 총장님, 때로는 동생처럼 때로는 형처럼 언제나 서로의 길을 응원하며 동행자가 되어주고 있는 장제원 국회의원님에게도 항상 감사하다는 말을 전합니다.

경남정보대학교를 대한민국 최고의 대학의 반열에 오르도록 자신의 열정을 바친 구성원 각자의 노력과 헌신도 빼놓을 수 없습니다.

이들은 자신의 일터와 가정을 지키는 든든한 파수꾼으로서 역할을 묵묵히 해내고 있는 경남정보대학교의 주인공들입니다.

이 책을 통해 우리의 이야기를 함께 나누며, 독자들에게 즐거움과 성공의 영감을 전하고 싶습니다. 경남정보대학교의 발전에 기여해준 모든 분에게 감사한 마음을 전합니다.

2024년 1월 1일

민석대에서 김대식

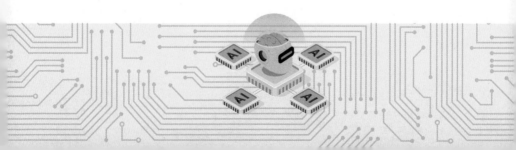

INDEX

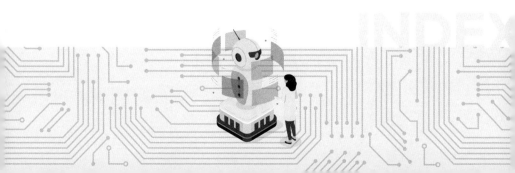

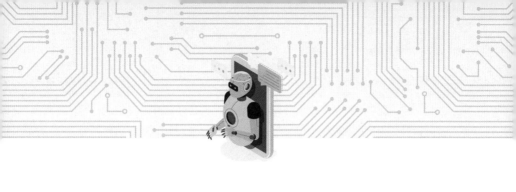

1부

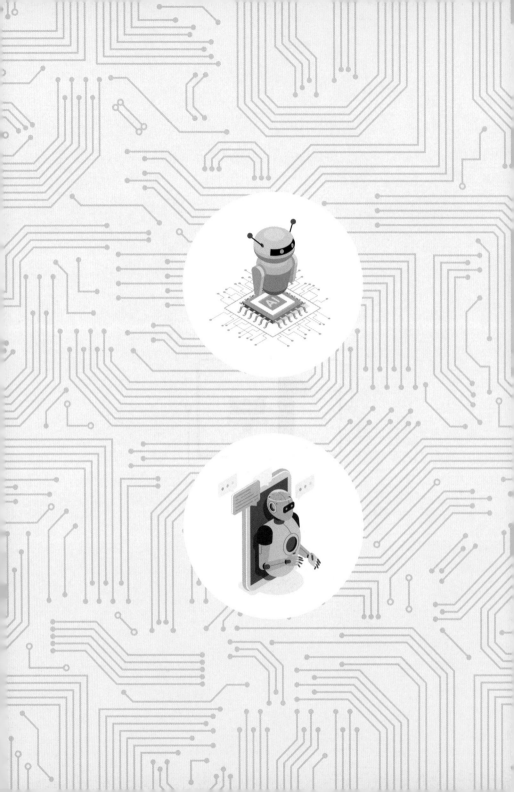

1. 올해 'KIT의 영업사원'을 자처했습니다

사랑하는 경남정보대학교 가족 여러분 안녕하십니까.

길고 길었던 겨울방학도 끝나고 이제 대망의 2023학년도 첫 학기가 시작되었습니다.

모처럼 캠퍼스가 학생들의 웃음소리로 활기가 넘치는 것 같습니다. 특히 코로나 팬데믹 사태가 막바지로 접어들면서 마스크를 벗은 학생들의 환한 모습이 정말 보기 좋은 3월입니다. 우리 KIT 가족 여러분의 가정에도 올 한 해 건강과 행복이 가득하시길 바랍니다.

우선 2023학년도 입시를 위해 밤낮없이 동분서주해주신 우리 KIT 가족 여러분에게 진심으로 머리 숙여 감사의 인사를 전합니다.

전대미문의 어려운 입시환경 속에서도 마지막까지 최선을 다해주신 덕분에 정원 내 1,788명 등록(등록률 87.9%), 정원 외 723명 등록 등 총 2,511명 등록하는 놀라운 성과를 이뤄냈습니다. 이는 부·울·경 지역 전문대학을 통틀어 가장 많은 숫자이고 4년제 대학과 비교해도 우리보다 많은 인원이 등록한 대학은 부산대를 비롯한 5개 대학에 불과할 정도로 대단한 성과입니다.

사실 저는 웬만한 일에는 걱정하지 않는 긍정적이고 낙관적인 성격입니다만 이번 입시를 치르면서는 걱정으로 밤에 잠이 오지 않을 정도였습니다. 그만큼 학령인구 감소 등 우리를 둘러싼 외부 환경이 열악했기 때문입니다. 하지만 우리 KIT 가족 여러분들께서 등록 마감일까지 포기하지 않고 열과 성을 다해주신 덕분에 이런 좋은 결과를 받아 든 것 같습니다. 참으로 감사합니다.

지난 2일 아침 등교 시간에 구 정문에서 신입생들을 맞으며 간단한 선물을 증정하는 환영 인사회를 열었는데요. 지나가는 학생들과 인사를 나누는 그 시간이 지난해보다 훨씬 값지고 소중하게 느껴졌습니다. 최고의 교육환경과 교육과정을 준비해 우리 대학을 선택한 학생들에게 밝은 미래를 선사하겠다는 다짐을 했습니다.

개강과 함께 우리에게 낭보가 또 있었습니다.
중소벤처기업부가 주관하는 '2023년 로컬콘텐츠 중점대학'에 선정되었습니다.
'로컬콘텐츠 중점대학 사업'은 지역 대학을 비기술 기반의 창업과 소상공인 혁신의 거점으로 활용해 창의적인 지역인재 양성과 일자리 창출을 통한 지역 소멸 등의 문제를 해결하기 위해 올해 처음 신설된 사업입니다. 전국에서 4년제 대학 전문대학 중 7개 대학을 선정했는데, 우리 대학은 동남권에서는 유일하게 선정되어 매년 최대 5억 원의 국비를 확보하게 되었습니다.

우리 대학은 호텔외식조리학과, 호텔제과제빵과, 미디어영상과,

K-뷰티학과를 연계해 각각 로컬미식전공, 미디어&뷰티콘텐츠전공 등 2개 과정을 신설합니다. 이를 통해 지역 현안을 해결하고 지역경제 활성화를 견인하기 위한 로컬콘텐츠 개발역량과 융·복합적 소양을 갖춘 지역가치창출 전문가(로컬크리에이터)를 양성하게 됩니다.

부산시도 이번 사업의 성공적 수행을 위해 업무협약을 맺고 프로그램을 연계해서 실시하는 등 적극적으로 지원하기로 했습니다. 양성된 예비 창업가에게는 투자도 지원하고 입주 보육의 혜택도 부여할 계획이라고 합니다. 사상구와 함께하는 하이브(HiVE) 사업에 이어 부산시와도 함께 사업을 추진함으로써 명실상부한 대학과 지자체 협력의 모델을 제시할 수 있으리라 기대합니다.

지난주 금요일(3월 3일)에는 몽골에서 귀한 손님들이 다녀갔습니다. 몽골 현지 잠브 바트쏘이르 국회의원과 부인인 잔치브 간톨까 여사를 비롯해 수흐바토르 정부 인사, 척터 우너르자야 주부산 몽골 영사 등 11명의 방문단이 우리 대학을 방문했습니다. 유학생 문제와 학술교류, 국제화 사업에 대해 많은 이야기를 나눴습니다. 인터내셔널 칼리지를 구축하기 위한 우리 대학의 활동에 깊은 관심을 보이며 적극적인 협력을 약속했습니다. 긴밀한 관계를 이어가면서 우리 대학의 발전에 도움이 되는 방안을 모색해보려고 합니다.

개강 후 확인하셨겠지만, 겨울방학 동안 캠퍼스 곳곳을 보수하고 또 새로운 시설을 들여놓았습니다. 더 좋은 시설에서 학생들을 가르치고 싶어 하는 우리 교수님들의 기대에 조금이라도 부응하기 위해 준비했습니다. 학령인구 감소로 모든 대학이 어렵다고들 하지만 우리 경남정보대학교는 뭔가 다르다는 것을 보여줘야 하지 않겠습니까.

저는 올해 'KIT의 영업사원'을 자처했습니다.

임기 동안 대학 발전을 위해, 그리고 여러분의 노고에 조금이라도 힘을 보태기 위해 최선을 다하겠습니다. 열심히 뛰겠습니다. 많이 응원해주시기를 바랍니다. 더불어 지금까지 보여주신 KIT 열정으로 우리 다 같이 2023년 한 해를 최선을 다하며 건강하게 보냈으면 합니다.

행복한 한 주 되십시오. 감사합니다. (2023. 3. 7)

2. 현장 중심 확대 교무회의

사랑하는 경남정보대학교 가족 여러분 안녕하십니까.

완연한 봄입니다. 시간의 흐름을 시샘하듯 지난 일요일 세찬 비바람에 이어 어제 아침엔 초겨울 날씨로 돌아가는 듯 했습니다. 하지만 지난주부터 민석광장에 피어있는 목련을 보고 있자면 이제 누가 뭐래도 봄이 우리 곁을 지나고 있음을 실감하게 됩니다. 입시 때문에 그동안 다들 수고하셨는데 잠시나마 짐을 털어버리고 모두가 밝고 가벼운 마음으로 맞이하는 화사한 봄이었으면 합니다.

지난 금요일 확대 교무회의가 있었습니다.
이번 학기부터는 '현장 중심 확대 교무회의'를 운영해보려고 하는데요. 그 첫 번째로 래쉬기념관 C208호 VR/AR실습실에서 회의를 했습니다.
교수님들 대부분이 주로 본인이 속한 학과 건물에서 생활하시다 보니 다른 학과에서 일어나는 일들에 대해 정보가 어두운 경우가 간혹 있는 것 같습니다. 또 가뜩이나 딱딱해지기 쉬운 회의를 매번 같은 장소에서 여는 것보다는 분위기를 바꿔가면서 하는 것도 괜찮겠다 싶은 생각도 있었습니다.

　앞으로는 정례적으로 장소를 옮겨가면서 확대 교무회의를 가질 생각입니다. 처음에는 조금 귀찮다고 생각하실지 모르겠지만 회의에 활기도 불어넣고 다른 학과와 교류할 기회도 만들기 위해 시작한 만큼 넓은 마음으로 이해해주시고, 학과 간 보다 긴밀한 교류의 장으로 삼아주셨으면 좋겠습니다.

　이날 회의 후에는 같은 장소에서 '2023년 에너지신산업 혁신공유대학사업 설명회'도 가졌습니다. 강의실에 갖춰진 실습 기자재들도 구경하면서 새삼 학생들에게 보다 나은 교육환경을 만들어 줘야겠다는 다짐도 했습니다. 준비하신 화공에너지공학과 교수님들 애 많이 쓰셨습니다.

　우리 대학의 대표적 지역사회 봉사활동인 '사랑의 밥차'가 4년 만에 운행을 재개했다는 소식도 알려드립니다. 우리 사랑의 밥차는 지난 10일 감전동 당산공원에서 이 지역 어르신 150여 명에게 점심을 대접했습니다. 이날 봉사에 동참해주신 교수님, 직원 선생님, 학생 여러분 감사드립니다.

'사랑의 밥차'는 전국 대학 최초로 지난 2006년 운영을 시작한 우리 대학의 대표적 사회 봉사활동입니다. 지난 17년 동안 총 13만 끼의 식사를 지역 어르신들에게 대접해왔습니다만 코로나19로 인해 지난 2020년 초 이후 활동이 중단되었다가 이날 새롭게 활동을 시작한 것입니다. 코로나19로 무너졌던 주변의 삶이 하나씩 제자리를 찾는 것 같아 감회가 새로웠습니다.

어제(13일) 오후에는 미래관 컨벤션홀에서 포스코 기술직 신입사원 채용설명회가 있었습니다.

지난 7일에는 포스코케미칼의 설명회가 있었고, 오는 22일에는 K-메디컬센터 아트홀에서 동국제강 채용설명회가 열릴 예정입니다. 코로나19 펜데믹이 진정 국면을 맞으면서 지난해 대비, 배에 가까운 취업 추천이 우리 대학으로 오고 있습니다. 특히 대기업의 설명회는 학생들에게 취업에 대한 의욕을 불러일으키고, 자신의 진로에 대한 시각을 넓혀준다는 점에서 유치에 적극적인 노력을 하고 있습니다. 학과 교수님들도 더욱 관심을 가지셔서 제자들의 적극적인 참석을 독려해주시고, 사회 진출에 힘을 보태주시기 바랍니다.

저는 지난 토요일 센텀캠퍼스에서 미디어영상과 성인 학습자들을 대상으로 특강을 했습니다. 우리 대학 입학을 축하하고 58년의 역사와 학과의 강점, 2023년의 화두인 AI, 그리고 왜 공부를 다시 시작해야 하는지 등 다양한 주제로 많은 이야기를 나누었습니다. 성인 학습자들의 처지를 이해하고 유치해야 입장에서 저도 많은 공부가 되었습니다.

앞으로도 학과에서 저를 필요로 하는 분야가 있다면 언제 어디서든 참여해서 지원해드리겠습니다. 학과 발전에 이바지할 수 있는 부분에 부족하지만, 총장을 많이 활용하셨으면 좋겠습니다.

어제는 군사학과 학생들의 2023학년도 승급 및 입단식이 있었습니다. 우리 학생들 씩씩하게 늠름하게 지도해 주신 정유지 군사학과 학과장님을 비롯한 학과 교수님들께 감사드립니다.

만물이 생동하는 계절입니다.

우리 대학은 어려운 환경 속에서도 위축되지 않고 오히려 봄을 맞아 더욱더 역동적으로 움직이고 있는 것 같습니다. 고마운 일입니다. 비록 외부 환경이 녹녹지 않더라도 우리 구성원 모두가 최고의 대학에서 최선을 다하고 있다는 마음으로 모든 일에 임해주셨으면 합니다.

저 역시 총장으로서 여러분의 긍지와 자부심이 날로 커질 수 있도록 최선을 다하겠습니다.

이제 곧 캠퍼스에는 벚꽃이 꽃망울을 터뜨릴 것 같습니다.

생동하는 봄, 벚꽃의 정취를 만끽하는 즐겁고 활기찬 한 주 되시길 기도드립니다. 감사합니다.(2023. 3. 14)

3. '인도에는 IIT, 일본에는 TIT, 미국에는 MIT, 대한민국에는 KIT'

사랑하는 경남정보대학교 가족 여러분 안녕하십니까.

오늘은 낮과 밤의 길이가 같아진다는 춘분(春分)입니다. 춘분은 24절기의 네 번째 절기이지요.

그러고 보니 얼마 전만 해도 출근길이 어둑어둑했었는데 오늘 아침에는 날씨는 흐리지만, 하늘이 비치는 것이 기분을 한층 밝게 만들어 주었습니다.

왕조실록에는 춘분을 기준으로 조석 두 끼를 먹던 밥을 세 끼로 먹기 시작하고, 추분(秋分)이 되면 다시 두 끼 밥으로 환원해 해가 짧은 겨울 동안 양식을 아꼈다는 기록이 있습니다. 부족한 식량에 신산한 삶을 이겨나가기 위한 조상들의 지혜가 엿보이는 대목입니다.

지난주 저는 서울 코엑스 아셈볼룸에서 열린 웹3.0포럼 창립기념 '2023 WEB 3.0 심포지엄'에 참석했습니다. 웹3.0포럼은 신성장 동력 발굴 및 국가발전 비전을 제시하기 위해 산학연정 전문가들이 모여 구성한 모임입니다. 부족한 제가 초대 의장을 맡게 되었습니다.

과학기술통신부가 후원한, 이날 행사에는 송상훈 과학기술정보통신부 정보통신정책국장을 비롯해 허성욱 정보통신산업진흥원 장과 이원태 한국인터넷진흥원장, 전성배 정보통신기획평가원장, 황종성 한국지능정보사회진흥원장, BNK 부산은행 금융그룹 빈대인 회장 등 500여 명이 참석해 웹3.0과 관련한 다양한 주제로 기조발표와 토론을 진행했습니다.

　장제원 국민의힘 의원께서도 영상 메시지를 통해 축하해 주셨습니다.
　웹2.0이 거대 플랫폼 기업이 주도하는 데이터 사용과 이익의 중앙독점화 시대였다면, 웹3.0은 개인의 권리와 소유, 이익에 중점을 두며, 정보나 데이터의 신뢰성을 기반으로 하는 탈 독점화 기술이자 트렌드입니다. 이젠 자신만의 커뮤니티를 만들고 누구나 나의 팬을 모을 수 있는 시대, 내가 노력하는 만큼 투명하게 보상을 받을 수 있는 시대가 열린다는 것입니다.
　새로운 시대를 주도할 올바른 정책을 제시하는 포럼으로 만들고, 더불어 우리 대학을 널리 알리는데 더 힘써야겠다는 각오를 다지고 있습니다.

　어제는 부산의 대표적 일간지인 부산일보와 국제신문에 우리 대학 전면 광고가 실렸습니다.
　'인도에는 IIT, 일본에는 TIT, 미국에는 MIT가 있다면 대한민국에는 KIT'가 있다는 내용입니다. 제가 외부에 나가면 늘 강조하는 메시지입니다.

언뜻 들으면 "우리가 이런 세계적인 명문대와 비교가 되나"라고 말씀하실 수 있겠지만 저는 그렇지 않다고 봅니다. 항상 최고의 자리를 지향하고 노력하다 보면 꼭 이루어진다고 믿습니다. 그리고 이미 우리는 이러한 꿈을 조금씩 이뤄가고 있다고 생각합니다. 어떠한 어려움이 있더라도 꺾이지 않는 마음을 가진다면 항상 이룰 수 있다는 믿음으로 업무에 임해주시면 좋겠습니다.

지난주에도 말씀드렸지만 요즘 대기업의 채용설명회가 잇따라 열리고 있습니다.

지난 13일 포스코 신입사원 채용설명회가 열렸고 내일(22일)은 동국제강 채용설명회가 열립니다. 앞으로도 우리 대학은 대기업의 기업설명회를 보다 적극적으로 유치해 학생들이 자신의 시야를 넓히고 진로를 결정하는 데 도움이 될 수 있도록 할 계획입니다. 학과에서도 많은 독려 부탁드립니다.

이번 주는 22~25일 이사장님을 모시고 베트남을 방문하고 올 예정입니다.

하노이의 국립 박장성산업기술대학과 하노이국제전문대학, 응엔짜이대학 등을 방문해 학생 교류와 관련한 여러 사항을 협의할 계획입니다. 특히 국립 박장성산업기술대학에서는 한국어학당 개설, 하노이국제전문대학과는 한국어학과 교환학생 운영을 매듭지을 생각입니다.

학령인구 절벽 시대를 맞아 모든 대학이 유학생과 성인 학습자에 올인하고 있습니다. 새로운 활로를 개척한다는 생각으로 어떻게든 좋은 성과를 만들어오려고 합니다.

다녀와서 다시 한번 여러분에게 자세한 내용 말씀드리겠습니다. (2023. 3. 21)

4. 베트남에서 온 유학생들에게 따뜻한 격려와 응원을

사랑하는 경남정보대학교 가족 여러분.

지난 한 주간 안녕하셨는지요. 벚꽃이 만개한 화창한 봄날입니다. 가끔 황사와 미세먼지가 심술을 부리기는 하지만 지난겨울 닫혀있던 사람의 마음을 활짝 열게 만드는 좋은 계절인 것 같습니다.

저는 지난주 말씀드린 대로 이사장님과 함께 베트남을 방문하고 지난 토요일 돌아왔습니다.

이번 방문의 가장 큰 목적은 베트남 현지에 'KIT한국어학당'을 개소해 유학생 수요층을 확대하는 것이었습니다. 이에 따라 지난 22일 베트남 국립 박장성산업기술대학교에서 'KIT 한국어학당' 현판식을 열었습니다. 지난 1월 박하기술전문대학 내에 설립한데 이어 두 번째입니다.

이날 현판식에는 카오티 마이 프엉 박장성산업기술대 총장 등 60여 명이 참석해 많은 관심을 보였습니다. 상호교류에 대해 깊은 의견교환도 있었습니다.

박장성산업기술대는 베트남 현지 기업은 물론 글로벌 기업과 협력해 직종별 맞춤형 인재 교육을 하는 곳입니다. 우리 'KIT 한

국어학당'은 이들 현지 대학생을 대상으로 한국어를 교육하게 됩니다. 베트남 현지 대학생들이 우리 말과 우리 문화를 더욱 쉽게 접하는 것이 가능해져 앞으로 유학과 취업 지원도 훨씬 수월해질 것으로 보입니다.

이 외에도 저희 일행은 하노이국제전문대학을 찾아 유학생 모집을 위한 홍보활동도 펼쳤습니다. 특히 박동순 이사장님께서 고된 일정에 함께 하시면서 애를 많이 써주셨습니다. 감사의 말씀을 전합니다.

이미 우리 대학에는 베트남에서 많은 유학생이 들어와 열심히 한국어연수과정을 이수하고 있습니다. 지난 21일에는 최근 입국한 63명의 유학생을 대상으로 '2기 한국어연수과정 개강식'을 가졌습니다. 이로써 우리 대학에는 1기 12명을 포함, 모두 75명의 유학생

이 공부하고 있습니다. 아직 한국 생활이 낯선 학생들입니다. 이들이 하루빨리 우리 대학에 안착할 수 있도록 혹시 교내에서 마주치시더라도 따뜻한 격려의 말 한마디와 응원 부탁드립니다.

저는 현재의 유학생들을 잘 돌보는 것은 물론, 해외에서 새로운 유학생들이 우리 대학을 찾을 수 있는 다양한 경로를 발굴해 KIT의 글로벌 영토 확장이 더욱 탄력을 받을 수 있도록 최선을 다하겠습니다.

3월 새 학기를 맞은 게 엊그제 같은데 벌써 한 달이 가고 4월이 나흘 앞으로 다가왔습니다.
교수님들은 신입생 맞이하랴, 수업 준비하랴, 직원 선생님들은 신학기 새로운 업무로 정신없는 한 달을 보내셨으리라 생각됩니다. 바쁜 일상이지만 봄꽃의 향연을 바라보며 잠시나마 여유를 즐기는 한 주가 되시길 기도드립니다. 감사합니다. (2023. 3. 28)

5. 제자들의 창업·취업 지원에 최선을 다하는 KIT

사랑하는 경남정보대학교 가족 여러분.

지난 한 주 동안 안녕하셨습니까.

벚꽃 비의 장관 아래에 서니 잠시 바쁜 일들은 내려놓고 청년이 된 것처럼 설레고 들뜨는 것 같습니다. 어느덧 교정의 벚꽃은 절정에서 내려오는 시기입니다. 흩날리는 꽃비는 다시 찾아올 내년 봄을 기약하는 것 같습니다. 아쉽지만 지난 몇 년 동안 제대로 봄을 느끼지 못했던 것에 비하면 한결같은 자연의 순환이 새삼 고맙게 여겨지는 요즘입니다.

지난주 교원 승진 발표가 있었습니다. 여섯 분이 교수로, 일곱 분이 부교수로 승진하셨습니다. 임용장 수여식 자리에서도 만나 인사를 전했지만, 다시 한번 축하드립니다.

이번 인사는 입시와 취업, 수업, 연구, 학생지도, 봉사활동 등 다양한 분야에서 주인의식을 가지고 노력해 주신 분들의 성과에 걸맞은 대우를 보장하기 위해 노력했습니다.

그러나 인사라는 것이 항상 모두를 만족시키기 어려운 것 같습

니다. 혹시 다소 아쉬운 부분이 있다 하더라도 넓은 마음으로 이
해해주셨으면 합니다.

앞으로도 실현된 성과를 공정하게 평가하고 구성원들에게 동기
부여가 되는 인사가 이뤄지도록 노력하겠습니다.

포스코에 이어 5일 오후에는 현대중공업 채용설명회가 K메디
컬센터 아트홀에서 열립니다. 지난 22일 열렸던 동국제강 채용설
명회에는 기계계열과 전기과 재학생들만 대상으로 했는데도 182
명이 참석해 높은 관심을 보였습니다. 학생들 잘 이끌어주신 학과
교수님들 감사합니다.

매번 말씀드리지만 '전문대학의 존재 이유는 취업'이라고 생각
합니다.

특히 최근에는 코로나 격리 상황이 해제되면서 대기업들의 채
용 문의 또는 설명회가 예년에 비해 늘어나고 있습니다. 바쁘시겠
지만 다시 한번 주위를 둘러보셔서 많은 우리 제자들이 더 나은
조건에서 사회로 진출할 수 있도록 협조 부탁드립니다.

지금 부산에는 2030부산세계박람회(엑스포) 실사단이 방문했
습니다.

저도 지난주 금요일 모 방송사의 요청으로 민석광장에서 박람
회 유치를 기원하는 릴레이 인터뷰를 KIT 대표로 마쳤습니다. 아
시다시피 엑스포는 단순한 국제행사가 아닙니다.

동시대 인간의 상상력이 한곳에 모인 축제의 장이라고 할 수 있

습니다. 특히 부산의 엑스포 유치는 부산만의 축제가 아니라 대한
민국의 국격을 높이고, 침체에 빠진 지역을 살리는 계기가 될 것
입니다. 지역이 활성화된다면 우리 대학의 입장에서도 보다 나은
미래를 약속받을 수 있을 것입니다.

그런 의미에서 우리도 다 함께 2030부산엑스포 유치를 진심으
로 응원하는 자세가 필요할 것 같습니다.

지난주 매일 점심시간 민석광장에서는 동아리 '싱어롱'학생들
의 버스킹이 이어졌습니다.
자유롭게 노래도 부르고 율동도 즐기며 봄을 만끽하는 모습이
보기 좋았습니다.
특히 일부러 모이라고 해도 잘 안 모이는 우리 학생들인데 서로

흥겹게 손뼉 치며 서로를 격려해주는 것을 보면서 우리 대학이 참 좋은 대학이라는 생각을 했습니다.

이제 4월의 시작입니다.

어제부터 고난주간을 맞아 대학교회에서 새벽기도를 실시하고 있습니다. 함께 국가를 위해 동서학원을 위해 우리 가정을 위해 기도했으면 합니다. 한 주간도 건강하고 유쾌하게 보내시길 기도 드립니다. 우리 경남정보대학교가 여러분을 즐겁고 행복하게 만드는 좋은 캠퍼스가 되도록 총장으로서 최선을 다하겠습니다. 감사합니다. (2023. 4. 4)

6. '2023 국가산업대상' 인재육성부문 대상을 수상받고

사랑하는 경남정보대학교 가족 여러분.

한 주 동안 안녕하셨습니까.

지난주 모처럼 많은 양의 단비가 내려 갈증을 풀어주더니 주말에는 더없이 화창한 하늘과 상쾌한 바람을 만끽할 수 있었습니다. 교직원 여러분은 지난 주말 가족과 함께 좋은 시간 보내셨는지요.

지난주에는 우리 대학에 좋은 일들이 많았던 것 같습니다.

우선 교육부와 대한상공회의소가 주관하는 '2023년 직업계고 채용연계형 직무교육과정 지원사업'에 반도체소자 및 장비제조요소기술 교육과정 분야로 최종 선정됐습니다.

이 사업은 고졸 구직자들의 선호직무와 기업이 기대하는 고졸 인재 적합 직무의 교육과정을 통해 구인난과 구직난을 동시에 해소하기 위한 사업입니다. 반도체과 교수님들 준비하신다고 수고 많이 해주셨습니다.

또 우리 대학은 산업통상자원부 산업정책연구원(IPS)이 주관하고 중앙일보가 후원하는 '2023 국가산업대상' 인재육성 부문 대

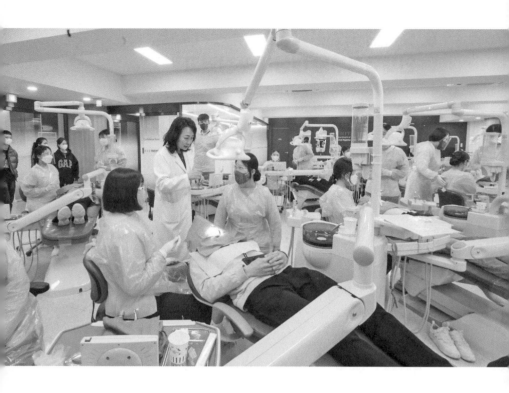

상을 수상하게 되었습니다. 이 상은 국내 산업 발전에 공헌한 우수 기업 및 기관, 공로자를 치하하기 위해 제정된 것입니다.

크고 작은 혁신을 지속적으로 이루어온 기관에게 주는 상인만큼 우리 대학의 위상을 확인한 값진 성과라고 할 수 있을 것 같습니다.

지난 5일에는 현대중공업 채용설명회가 있었습니다.
이날 행사에는 233명의 학생이 참여해 현대중공업 관계자들을 깜짝 놀라게 만들었습니다.

100여 명 정도를 예상했는데 배 이상의 학생들이 참석한 것을 보고 우리 대학의 저력을 새삼 느꼈다고 합니다.

덕분에 오는 9월에 다시 한번 설명회를 갖기로 했고 채용도 우선 배려하기로 했습니다. 학생들을 잘 케어해 주신 학과 교수님들의 노고가 컸다고 생각합니다. 총장으로서 정말 자부심과 보람을 느낍니다.

헤어디자인과의 전공동아리 '가위손'은 부산시 자원봉사센터와 고리원자력본부가 주관하는 '제9회 소통고리 대학생 자원봉사 공모대전' 지역 노인 대상 이·미용 재능기부에 선정돼 1년간 지역 노인분들을 대상으로 이·미용 재능기부를 펼치게 됐습니다.

2005년부터 꾸준히 진행해온 학과의 봉사활동이 외부로부터 인정을 받고 학생들의 인성과 실력을 키우는데 탄탄한 디딤돌로 역할 할 수 있기를 기대합니다.

우리 학생들의 재능기부는 대학 곳곳에서도 빛을 발하고 있습니다.

지난 5일 치위생과는 한국어학당에서 공부하는 베트남 유학생들을 대상으로 '전문가 잇솔질 행사'를 열었습니다. 28일에는 K뷰티학과에서 피부관리 재능기부행사를 준비하고 있습니다.

유학생들은 얼마 전에는 국제교류센터 인솔하에 해운대와 기장 용궁사 등을 돌아보는 부산시티투어 행사도 가졌습니다. 낯선 땅에서 새로운 생활을 시작하는 유학생들에게 우리 대학 구성원들이 이렇게 따뜻하게 반겨주고 보살펴 주고 있으니 아마 한 명의 낙오도 없이 우리 대학에 잘 정착할 수 있으리라 확신합니다. 나아가 우리 대학이 역점 사업으로 추진하고 있는 오픈 칼리지 계획에도 긍정적으로 작용하리라 생각합니다.

지난주 세계박람회 실사단이 부산을 방문했습니다. 모든 시민이 똘똘 뭉쳐서 손님을 환대하는 모습을 보며 무슨 일이든 할 수 있다는 부산 시민의 자신감을 엿보았습니다.

우리 대학도 마찬가지입니다. 요즘 정부의 대학구조조정이 본격적으로 시작되면서 많은 대학이 생존 전략을 마련하는데 사활을 걸고 있습니다. 하지만 우리 대학처럼 구성원들이 외부 환경에 굴하지 않고 단합해서 이렇게 힘차게 달려준다면 어려움은 얼마든지 헤쳐나갈 수 있다고 생각합니다. 항상 자신감과 긍지를 가지고 모든 일에 적극적으로 참여해주시길 부탁드립니다.

다음 주는 자율중간고사가 시작됩니다. 2023학년도 1학기도 어느덧 절반을 지납니다.

여러분 모두 2023년 새해 시작하면서 마음속에 품으셨던 계획이나 결심 다 있었을텐데요. 아무쪼록 여러 계획을 다시 한번 점검해보시고, 변함없이 차곡차곡 이뤄나가는 시간 되시길 바랍니다.

감사합니다. (2023. 4. 11)

7. '50+생애재설계대학 사업'에 선정되다

사랑하는 경남정보대학교 가족 여러분.
지난 한 주 안녕하셨는지요.

모처럼 화창한 봄날이 이어지나 싶더니 황사와 미세먼지가 기승입니다. 아침 출근길에 미세먼지 농도를 체크하는게 일상이 되어버렸습니다. 황사를 피하는 제일 좋은 방법이 불필요한 외출을 삼가는 것이라지만, 매일 출근해야 하는 우리 생활인들에게는 실천이 쉽지 않죠. 아무쪼록 개인위생관리 신경 쓰셔서 건강 잘 챙기시길 바랍니다.

지난 주말을 앞두고 대학에 희소식이 잇따랐습니다.
우선 우리 대학이 부산시가 주관하는 '50+생애재설계대학 사업'에 선정되었습니다.

'50+생애재설계대학 사업'은 부산시가 만 50세 이상 64세 이하의 부산 시민을 대상으로 생애재설계, 경력개발, 재무, 건강, 일자리 탐색 등의 교육을 통해 재취업 및 창업을 장려하기 위해 부산 시내 소재 대학을 대상으로 공모한 사업입니다.
우리 대학 평생교육원은 이번 사업에 '리스타트를 위한 웰빙 브런치 전문인력 양성과정'을 제안한 바 있습니다. 앞으로 우리 평생교육원은 오는 5월 교육생을 모집한 뒤 105시간의 생애재설계 교육과정을 운영하게 됩니다. 준비에 수고해주신 평생교육원 주원식 원장님을 비롯한 평생교육원 관계자 해당 학과 교수님들에게 박수를 보냅니다.

우리 대학은 또 '지자체-대학 협력기반 지역혁신 사업(RIS)' 참여대학으로 6개 분야가 선정됐습니다.

이 사업은 부산시와 지역대학, 교육청·기업·공공기관 등 81개의 지역혁신기관의 협력을 기반으로 지역주력산업 발전과 지역 현안 해결을 위해 필요한 인재를 지역에서 직접 육성해 취·창업 등 지역에 정착할 수 있도록 지원하는 사업입니다.

이 사업에서 우리 대학은 전자과가 '스마트 해상항만물류' 분야에서 한국해양대와 함께할 예정입니다. 또한 AI컴퓨터학과와 화공에너지공학과가 '친환경 스마트선박' 분야에서 부산대 등과 협력하고 화공에너지공학과와 전기과 기계계열은 '클린 에너지 융합소재부품' 분야에서 동아대 등과 함께 사업을 수행하게 됩니다.

이번 사업 유치로 부산시와 지역 대학, 기관 등이 합심하는 '지산학(地産學) 협력정책'이 더욱 탄력을 받을 수 있을 것으로 기대됩니다. 특히 우리 대학으로서는 학생들을 '지역혁신인재'로 양성할 수 있는 토대가 마련되었다는 점에서 고무적이라 할 수 있습니다. 참여 학과 여러분, 과제 제안 준비로 수고 많으셨습니다. 앞으로 사업 수행도 잘해주시리라 믿습니다.

　지난 13일 저는 서울 JW메리어트 동대문스퀘어에서 열린 '2023 국가산업대상' 시상식에 다녀왔습니다. 우리 대학은 이번에 인재육성부문에서 전문대학으로는 유일하게 대상을 수상하게 되었습니다.

　시상식에 가보니 우리 대학뿐 아니라 삼성전자, LG전자, SK텔레콤, 스타벅스, 에쓰오일, 신한카드, 한국자산관리공사, 한국도로공사 등 국내 최고 수준의 기업, 기관, 브랜드 관계자들이 참석해 34개 부문에서 함께 수상했습니다.

지난 58년 동안 우리 대학이 일궈온 인재 양성의 성과가 이처럼 굴지의 기업들과 어깨를 나란히 하는 브랜드 가치를 인정받는 것으로 나타나는 것 같아 뿌듯했습니다.

대학 발전을 위해 늘 기도하며 응원하고 계신 박동순 이사장님을 비롯한 우리 KIT 가족, 지금도 묵묵히 국가산업발전에 이바지하고 있는 13만 동문 전체에게 주어지는 상인만큼 잠시나마 기쁨을 함께 나누고 자긍심을 가졌으면 합니다.

주말에 요란한 비가 한차례 내렸지만 미세먼지 날리는 날의 연속입니다. 봄 날씨가 변덕스럽습니다. 이번 주는 자율중간고사 기간이기도 합니다. 숨 가쁘게 달려온 한 학기의 절반, 잠시 정리하는 여유도 가지시면서 이번 한 주 모두 건강하고 행복한 시간 되시길 기도드립니다.

감사합니다. (2023. 4. 18)

8. '2023년 미래유망분야 기술사관육성사업'에 선정

사랑하는 경남정보대학교 가족 여러분.
지난 한 주 동안 안녕하셨습니까.

봄비가 내리고 있습니다.
숨 가쁘게 달려온 4월도 이제 마지막 주에 접어들었습니다. 학생들의 중간고사 기간도 이제 내일이면 마무리가 되겠네요.

요즘 출근길에 민석기념관을 둘러보면 아침 일찍부터 1층 학습라운지에서 공부하는 학생들이 부쩍 늘었습니다. 시험 기간인 탓도 있겠지만 평소 통로와 회의실로만 이용되던 공간을 보다 밝고 자유로운 분위기에서 공부할 수 있는 공간을 만든 후 학생들이 찾기 시작한 것입니다.

잘 사용되지 않던 공간을 개선함으로써 학생들의 행동에 건강한 변화를 줄 수 있다는 것을 목격하면서 제 마음속에 새삼 울림이 있었습니다.

여건이 되는 한 앞으로도 우리 대학 캠퍼스 곳곳의 노후한 곳을 찾아내 공간을 재배치하고 시설을 구축하는 변화를 주려고 합니다.

이러한 노력 또한 우리 대학이 학생들에게 줄 수 있는 교육적인

선한 영향이라 생각합니다. 교직원 여러분의 많은 협조와 관심 부탁드립니다.

어제 우리 대학은 '2023년 미래유망분야 기술사관육성사업'에 선정되었습니다.

기술사관육성사업은 교육부와 중소기업청의 재정 지원을 받아 특성화고-전문대 연계교육과정운영을 통해 중소기업 현장혁신형 전문인력을 양성하고 중소기업 기술인력난을 해소하도록 하는 제도입니다.

우리 대학은 이번 사업 선정을 통해 최소 5년 동안 매년 3억 4천만 원의 정부지원금을 받아 인력난이 심각한 반도체 산업에서 필요로 하는 기술 인력 양성에 투자할 수 있을 것으로 보입니다. 참여해주신 반도체과 교수님들에게 감사의 인사를 드립니다.

이번 주는 각 학과 학생들의 외부 공모전 수상 소식도 줄을 이

었습니다.

환경조경디자인과 학생들이 부산시가 주최한 부산도시농업박람회 '전국 텃밭 디자인 공모전'에서 대상과 최우수상, 장려상을 휩쓸었습니다. 특히 '추억을 먹는 텃밭'이라는 작품을 출품해 대상을 받은 차미영, 이영인, 손유진, 이성순 학생은 40~60대의 만학도여서 더욱 뿌듯한 성과인 것 같습니다.

미디어영상과 박승우 학생 등 4명은 부산지방검찰청이 주최한 보이스피싱 범죄 가담 예방 동영상 경연대회에서 1등 상을 수상했습니다. 이 밖에 시각디자인학과 2학년 정나영 김진아 학생도 환경부가 주최한 '탄소중립 실천 광고 포스터 공모전'에서 장려상을 수상했습니다.

어디에 내놔도 부족하지 않은 자랑스러운 제자들을 가르쳐주신 교수님들 정말 감사합니다.

특히 이런 외부 공모전에 참가하려면 교수님들의 지도가 많이 필요했을 텐데, 준비과정에서의 노고가 눈에 보이는 것 같아 고마움이 더 큰 것 같습니다.

지난 20~21일에는 '2023년 승진 및 신임 교직원 신앙연수'가 원동 교육문화원에서 열렸습니다. 우리 대학 구성원으로서는 건학이념을 체득할 수 있는 중요한 행사인데 코로나 팬데믹으로 인해 몇 년간 진행되지 못했습니다. 모두 스물여덟 분의 신임과 승진 교직원들이 화창한 날씨에 모처럼 공기 좋은 우리 교육문화원에서 한자리에 모여 설립자님의 설교내용 모음집인 '다시 성경과 보습을 들고'의 내용을 함께 나누고 건학이념을 되새겨보는 시간을 가졌습니다.

특히 지난해 2학기와 올해 새로 임용된 여덟 분의 교수님들에게는 이번 신앙연수뿐 아니라 대학에서 오리엔테이션과 역량강화 지원프로그램을 계속 운영 중입니다. 우리 대학에 잘 적응하시길 바라는 취지로 준비한 것이니 바쁘시더라도 즐거운 마음으로 참여해주시면 감사하겠습니다. 앞으로 신임 교직원 여러분의 왕성한 활동을 응원합니다.

다음 달에는 에코프로와 한화모멘텀 같은 굵직한 기업들의 채용설명회가 예정되어 있습니다.

육군3사관학교의 설명회도 있을 예정입니다. 전문대학의 존재 이유가 학생들의 역량을 발휘하고 꿈을 펼칠 수 있는 양질의 취업이라고 볼 때 대기업들이 우리 대학을 꾸준히 찾아준다는 것은 고마운 일입니다. 우리 제자들의 올바른 진로설정에 도움이 될 수 있도록 학과 교수님들 많은 관심 가져주시면 좋겠습니다.

중간고사 이후 많은 학과에서 단체 견학과 팀 단위 답사 등 외부 현장실습 프로그램을 운영하는 것 같습니다. 부디 안전에 유의해서 학생들이 모처럼 강의실을 벗어나 즐겁고 알찬 시간 만들 수 있도록 각별히 당부드립니다.

지난주 중간고사 기간 잠시 여유로운 시간을 가져보시라 말씀드렸는데, 학생지도와 취업 준비, 교내 교수 연수, 수업 컨설팅 등으로 더 바쁘게 지내시는 것 같아 총장으로서 미안한 마음마저 듭니다. 그래도 우리 대학이 쉼 없이 활발하게 움직이며 최고의 자리를 유지하는 것은 KIT 가족 여러분의 노력과 열정 덕분이라고 항상 생각합니다.

황사와 강풍, 심한 일교차로 유난히 변덕스러운 봄 날씨입니다. 건강 각별히 유의하시면서 새로운 한 주 즐겁고 행복한 한 주 되시길 기도드립니다.

감사합니다. (2023. 4. 25)

9. 3년 만에 열리는 KIT 가족행사

사랑하는 KIT 경남정보대학교 가족 여러분. 지난 한 주 동안 안녕하셨는지요.

신록이 짙어지고, 자연의 아름다움이 생동하는 계절의 여왕 5월을 맞이했습니다. 3년 넘는 시간 동안 코로나19로 일상을 한 걸음씩 양보하고 지냈던 우리에게 보상이라도 해주듯 자연은 화려한 계절로 사람들을 위로하고 있습니다.

저는 지난 26일 부산시에서 열린 '미래교육 현장 소통 간담회'에 다녀왔습니다. 국가교육위원회 이배용 위원장이 참석한 가운데 열린 이번 간담회에서 동서대 장제국 총장님(한국대학교육협의회 회장)이 좌장을 맡아주셨고 저를 비롯해, 부산대 차정인 총장과, 동아대 이해우 총장이 '부산 지역 대학 위기와 활성화 과제'를 주제로 발표 했습니다.

이 자리에서 부산대 차정인 총장은 '수도권과 비수도권 대학의 정원을 같은 비율로 감축해야 한다' 는 의견을, 동아대 이해우 총장은 '지역대학을 살리기 위해 산학협력의 필요성'을 강조했습니다. 저는 '성인 취·창업 환경조성과 유학생 유치가 더욱 원활해질 수 있도록 규제를 완화해줄 것'을 요청드렸습니다.

　발제 이후에도 참석한 부산지역 대학 총장들은 지역 대학의 현실에 맞는 정원감축, 대학 혁신을 위한 규제완화의 필요성들을 말씀하셨습니다. 다들 해결책에 대한 생각은 달랐지만, 학령인구 감소로 지역 대학이 맞고 있는 전례 없는 위기에 대해서는 이견이 있을 수 없었습니다. 비슷한 어려움에 처한 지역 대학 총장들이 모처럼 모여 현황을 공유하고 위기를 타개할 수 있는 방법을 모색하는 자리가 되었습니다.

　같은 날 오전에는 'K뷰티학과 장학금 전달식 및 산업체 특강'이 있었습니다.

　이날 피부미용업체 4곳으로부터 2,100만원 상당의 장학금과 미용기기를 전달받았습니다. 특히 주문식교육 협약업체인 ㈜약손명가 김현숙대표는 K뷰티학과 약손명가반에 1,000만 원의 장학금을 전달하고 '뷰티사업가로 성장하기'라는 주제로 특강도 해주셨습니다.

㈜약손명가는 매년 1,000만 원의 장학금을 전달해 오고 있습니다. 특히 약손명가는 우리에게 발전기금 5억 원을 기탁한 회사이기도 합니다. 다시 한번 감사의 마음을 전합니다.

지난주에는 정말 오랜만에 우리 교수회와 직원회의 행사가 열렸습니다.

29일에는 직원회가 기장으로 야유회 행사를 다녀왔고, 이에 앞서 교수회는 지난 25일 '신임교수 및 박사학위 취득 축하연'을 열었습니다. 모두 코로나 팬데믹으로 3년 만에 처음 열리는 행사였습니다. 모두가 밝은 모습으로 서로를 격려하고 즐거워하는 모습을 보며 이제 일상이 제자리로 찾아가고 있는 것 같아 총장으로서 반갑기도 하고 마음도 놓였습니다.

바깥에서는 학령인구 절벽 시대를 맞아 대학들이 힘든 시기라고 말들을 합니다. 그래도 우리 구성원들이 똘똘 뭉쳐 어려움을 헤쳐 나가고 우리 대학에 힘을 실어주는 후원자분들이 있는 한 경남정보대학교는 어떠한 어려움도 이겨나갈 수 있을 것이라고 확신합니다.

지난 주말 비가 내리기도 하고 아침과 낮의 일교차가 심하긴 하지만 나들이 가기에도, 야외활동을 하기에도 더없이 좋은 날인 것 같습니다.

5월은 가정의 달이기도 하고 연휴도 끼어 있으니 이참에 가족들과 오래 기억에 남을 각별한 시간을 만들어보는 것도 좋을 것 같습니다. 아무쪼록 즐겁고 활기찬 한 주 만드시길 기도드립니다.

감사합니다. (2023. 5. 2)

10. '부유식 해상풍력 발전단지 조성' 프로젝트 참여

사랑하는 KIT 경남정보대학교 가족 여러분.
유난스러운 날씨에 모처럼의 연휴 잘 보내셨는지요?

가정을 가진 사람들에게 1년 중 가장 바쁜 한 달이 지나가고 있는 것 같습니다.

며칠 전 어린이날에는 궂은 날씨에도 불구하고 어린 자녀를 양육하는 KIT 가족 여러분께서는 아이들에게 보다 많은 사랑을 담아주기 위해 애 많이 쓰셨을 텐데요. 어제 어버이날과 다가오는 스승의 날 등 챙겨야 할 분들, 모셔야 할 분, 기억해야 할 분들도 많아지는 시기입니다.

그만큼 자녀, 부모님, 은사님들과 더 많은 사랑을 함께하는 행복한 5월인 것 같습니다.

지난주 우리 대학은 전라남도 신안군이 추진하고 있는 '부유식 해상풍력 발전단지 조성'에 참여하기로 했습니다. 지난 2일 박우량 신안군수와 신안군청 관계자 여러분이 우리 대학을 방문해 부유식 해상풍력 기술협력을 위한 업무협약을 체결하고, 부유식 해상풍력 발전단지 조성을 위해 지산학 연계를 이어가기로 합의했습니다. 신안군은 현재 세계 최대 규모인 8.2GW 규모의 해상풍

력 발전단지 조성을 추진 중입니다.

부유식 해상풍력 발전은 '발전타워'를 바다 위에 띄워 전기를 생산하는 방식으로, '신재생 에너지의 미래'로 불리고 있는 분야이기도 합니다.

박우량 군수는 개인적으로 친분이 있는 분입니다만, 추진력이나 아이디어가 굉장한 분입니다. 산업 특성상 여러 민원이 있음에도 불구하고 이를 극복하고 부유식 해상풍력산업 유치를 위해 노력하고 있습니다. 아마 우리 대학, 특히 전기과와 함께 일한다면 부유식 해상풍력 산업 육성과 관련한 많은 분야에서 서로 도움을 주고받을 수 있을 것으로 기대하고 있습니다.

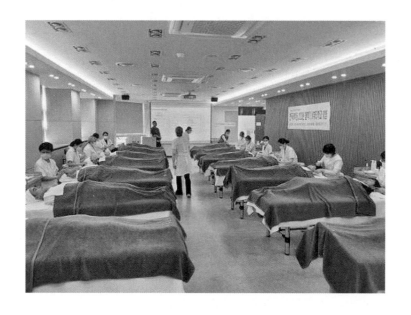

며칠 전 작업치료과는 보건복지부에서 주관하는 '2023년 대학생 멘토링 동아리 지원사업 공모전'에 최종 선정되는 기쁨을 안았습니다. 이번 공모전에서는 전국 대학생 동아리가 직접 기획해 운영한 멘토링 프로그램을 심사해 선정자를 결정했는데요. 전공동아리 'CO-CO(Children Occupation- COperation)'는 부산 북구장애인종합복지관과 협업 프로그램으로 '발달장애 아동·청소년 꿈나우 멘토링 프로그램'을 기획해 선정되었습니다. 작업치료사 역할을 수행하는 봉사 프로그램 운영을 기획하면서 공모전까지 당선될 수 있도록 준비한 우리 학생들과 교수님들의 역량에 격려의 박수를 보냅니다.

에너지신산업사업단은 최근 이차전지 분야 인재 양성을 위해 학생들이 직접 이차전지를 제조해보는 '코인셀 리튬이온전지 제조공정 교육프로그램'을 실시했습니다. 특히 이번 프로그램은 이차전지 제조설비업체로부터 엔지니어와 전문가의 지원을 받아 제조공정을 직접 학생들이 체험하게 해서 교육효과가 더욱 좋았다고 합니다. 이미 아시다시피 이차전지 분야는 에너지신산업의 핵심 분야입니다. 우리 대학 화공에너지공학과는 '전지 에너지 저장 실습실'을 갖추고 제조공정 실습과 교육을 필수 교과목으로 지정하는 등 이 분야의 인재 양성을 위해 발 빠르게 움직이고 있습니다.

이 밖에도 K뷰티학과는 한국어학당에서 공부하고 있는 유학생들의 한국 생활 적응을 돕기 위해 체험데이 행사도 진행했습니다. 모두 75명의 유학생들을 대상으로 봄철피부관리 요령을 직접 시연하고 체험케 함으로써 말 그대로 K뷰티의 우수함과 한국 유학생활의 재미를 더해주었습니다. 봉사에 참여해준 K뷰티학과 교수님과 학생들 정말 수고 많으셨습니다.

내일부터 이틀 동안은 학생신앙강좌가 이어집니다. 학생들에게 건학이념을 심어주는 소중한 시간입니다. 교수님들 바쁘시더라도 보다 많은 학생들이 기쁜 마음으로 참석할 수 있도록 지도해주시고 격려해주시기 바랍니다. 그럼 이번 한 주도 즐겁고, 건강하고 활기찬 시간 되시길 기도드립니다.

감사합니다. (2023. 5. 9)

11. 자타공인 대한민국 최고 전문대학 KIT

사랑하는 KIT 경남정보대학교 가족 여러분. 안녕하십니까.

5월의 싱그러운 녹음이 눈과 마음을 즐겁게 하는 계절입니다. 특히 '신록은 청춘'이라고 말한 천상병 시인의 표현처럼 이 계절에 가장 빛나는 존재는 우리 젊은 학생들인 것 같습니다. 캠퍼스를 오르는 우리 학생들을 바라보면 절로 희망의 메시지를 보는 듯합니다.

우리 대학 개교 58주년을 기념하는 체육대회와 축제가 내일부터 열립니다.

이번 체육대회와 축제는 개교 58년을 축하하는 의미도 있지만, 코로나 팬데믹으로 인해 2019년 이후 4년 만에 우리 학생들 모두가 참여한 가운데 열리는 가장 큰 행사라는 점에서 매우 뜻깊다고 할 수 있습니다. 사실 코로나 팬데믹이 막을 내렸다고는 하지만 이 시기를 거친 학생들은 대인관계나 의사소통에서 이전의 학생들보다 많이 서툰 것을 확인할 수 있습니다. 단체 활동에 대한 참여도도 현저히 낮은 것 같습니다.

이번 행사가 더욱 중요하게 생각되는 이유입니다. 자칫 코로나로 인해 의기소침해져 있는 학생들이 있다면 보다 밝은 곳으로 한 걸음

내딛을 수 있게 만드는 것도 우리의 역할이 아닐까 생각합니다.

그래서 대학 측에서는 예산을 투입해 경품행사 규모도 큰 폭으로 키우고, 축제도 함께 열어 우리 학생들이 좋아하는 가수들의 노래도 따라부르며 젊음을 마음껏 발산시킬 수 있도록 준비했습니다.

우리 교직원 여러분, 특히 학과 교수님들은 보다 많은 학생들이 동참해 즐길 수 있도록 독려도 해주시고 응원해 주시기 바랍니다. 또 본부에서는 인근 병원과 협력해서 미연의 사고에 대비하고 있습니다만, 한 명의 학생도 부상당하는 일 없이 안전하게 행사를 마칠 수 있도록 협조 부탁드립니다.

저는 지난 11일 KNN방송이 주최한 '2023 교육분권포럼' 이라는 행사에 다녀왔습니다.

글로컬사업선정을 앞두고 이주호 사회부총리 겸 교육부 장관이 참석한 행사라 부산 지역 거의 모든 대학의 총장, 대학관계자들이 참석해 열기가 뜨거웠습니다.

특히 학령인구 절벽 시대를 맞은 부산지역 대학들에게 글로컬 대학 사업은 초미의 관심사였습니다. 저는 교육계 많은 인사들이 참석한 이번 행사에 참석하면서 크게 세 가지 점을 느꼈습니다. 한 가지는 학령인구 절벽 시대를 맞아 모든 대학들의 위기감이 고조되고 있다는 점, 그리고 두 번째는 이를 극복하기 위해 교육부가 추진하고 있는 정책이 우리의 3C정책(학령인구, 유학생 유치, 평생교육)과 정확히 일치하고 있다는 점, 그리고 마지막으로 우리 대학이 대한민국 최고의 전문대학임을 자타가 공인하고 있다는 점입니다.

최근에는 미국과 호주 일본의 대학 관계자들이 우리 대학을 잇따라 방문하고 있습니다.

이 가운데에는 우리 대학에 유학생을 보내고 싶다는 의사를 보내온 곳도 많습니다. 우리가 유학생을 보내고 싶어 하던 선진국의 대학들입니다. 이들이 이제는 우리 대학에 유학생을 보내고 싶어 한다는 것도 주목할만한 현상입니다. 그만큼 우리 대학의 위상과 국격이 높아졌기 때문이라 생각합니다.

외부 환경이 갈수록 어려워지고 있지만 교직원 여러분은 우리

KIT 경남정보대학교에서 함께 일하고 있다는 긍지와 미래를 올바른 방향으로 개척하고 있다는 자부심을 가져주셨으면 합니다.

지난주에도 한국어학당에서 공부하는 유학생들을 위해 학과체험데이 행사를 열어준 헤어디자인과 교수님들과 학생들에게 수고하셨다는 말씀을 드립니다.

그리고 지금도 학생들의 역량강화를 위해 수업은 물론, 수많은 프로그램을 차질 없이 수행하고, 외부에 제출할 보고서 준비를 위해 애쓰고 계시는 교직원 여러분께 감사의 마음을 전합니다. 체육대회와 축제 기간을 맞아 바쁜 일 잠시나마 접어두고 학생들과 어울려 봄을 만끽할 수 있는 한 주 되시길 기도드립니다.

감사합니다. (2023. 5. 16)

12. KIT, 동서대·부산디지털대와 통합해 신개념 대학으로 출범

사랑하는 KIT 경남정보대학교 가족 여러분
지난 한 주 안녕하셨습니까.

지난주 우리 대학은 4년 만에 열린 체육대회와 축제를 통해 모처럼 젊은 학생들의 뜨거운 열기를 느낄 수 있었습니다. 특히 마스크를 벗고 운동장에서 서로 몸을 부대끼고, 체육관에서 공연을 보며 즐거워하는 학생들의 모습을 보니 힘겹던 코로나 시기가 떠올라 감회가 새로웠습니다.

궂은 날씨에도 불구하고 이번 행사를 끝까지 안전하고 흥겨운 축제의 장으로 마무리할 수 있도록 힘써주신 학생취업지원처와 사무처를 비롯한 교수 직원 선생님들께 깊은 감사의 말씀을 드립니다.

매주 화요일 메일을 통해 여러분에게 대학 소식을 전했습니다만, 오늘은 부득이 하루 앞당겨 몇 가지 말씀을 드리게 되었습니다. 여러분이 그동안 궁금해하셨던 우리의 미래와 관련한 내용입니다.

　며칠 전 동서학원 산하 동서대학교 부산디지털대학교 경남정보대학교 3개 대학은 통합을 전제로 '글로컬대학 사업'에 신청하기로 결정했습니다. 동서학원 산하 3개 대학은 기존 대학의 틀을 넘는 과감한 도전을 통해 세상에 없던 새로운 개념의 대학을 출범시키는 데 역량을 모으기로 했습니다.

　이런 어려운 결단을 내린 이유는 무엇보다 우리 구성원들이 보다 안정된 환경에서 몸담고, 대학을 더욱 발전시켜나갈 수 있는 길이 여기에 있다고 확신했기 때문입니다.

　다들 알고 계시겠지만 현재 우리를 둘러싼 외부 환경은 빠른 속도로 악화하고 있습니다.
　학령 인구 급감에 따라 대학 간의 경쟁이 갈수록 격화되고 있고, 이로 인해 대학의 지속가능성 역시 극도로 불투명해지고 있습니다. 이는 수도권 집중을 더욱 심화시켰고 지역 대학의 생존권을 위협하는 요인이 되고 있습니다. 뿐만 아니라 지난 15년 동안 지속된 대학의 등록금 동결과 정부재정지원 의존도가 커지면서 재정도 큰 어려움을 겪고 있습니다.

이 같은 상황에서 교육부가 '글로컬대학30'의 가장 중요한 평가 기준으로 '대학 간, 전공·학과 간 벽 허물기를 통한 대학 교육 혁신'을 내세운 것도 크게 작용했습니다. 대학이 통합을 이룰 경우 향후 5년 동안 대학 한 곳당 1천억~2천억 원까지 지원되는 '글로컬 대학30'사업에 선정되지 않는다면 대학의 생존권이 크게 위협받을 것은 자명한 사실이기 때문입니다.

아직 한 번도 가보지 않은 길이고, 최근 대학을 둘러싼 외부환경이 녹록지 않다 보니 구성원 여러분들의 걱정이나 불안감이 있을 것이라고 생각합니다. 하지만 이번 3개 대학 통합의 가장 기본적인 원칙은 통합에 따른 대학 내 교수 직원 선생님 여러분의 신분과 운영체계 전환에 따른 재학생의 학습권 및 선택권을 보장하는 것입니다. 결국 이 같은 결정의 배경에는 이러한 변화의 격랑을 우리가 함께 극복하고 새로운 대학으로 도약하는 계기로 삼자는 의지가 작용했기 때문입니다.

이번 통합이 대학 간 벽 허물기를 통한 교육의 혁신으로 이어질 수 있도록 하겠습니다.

인구절벽과 지역 소멸이라는 난제를 해결해 지역과 대학의 동반 성장을 이룰 수 있는 계기가 될 수 있도록 최선을 다하겠습니다. 많은 변화를 피하기는 어렵겠지만 무엇보다 우리 구성원들이 미래에 대한 두려움 없이 업무에 충실하고 개인의 행복을 추구할 수 있도록 최대한 지원과 노력을 하겠습니다. 앞으로 혁신기획서 제출 이후 지속적으로 여러분에게 설명드리고 의견을 들을 수 있는 자리를 마련해 나갈 예정입니다.

이번 결정 사항은 내일 투톡데이를 통해 여러분에게 소식을 전하고, 이번 주 확대교무회의에서도 좀 더 자세한 말씀을 드리려고 했습니다. 이미 지난 정책회의와 확대교무회의에서 진행 상황을 설명드렸지만, 통합안이 결정된 이후 소상하게 말씀드릴 필요가 있다고 생각했기 때문입니다.

하지만 지난 주말 일부 언론을 통해 통합 내용이 알려지는 바람에 불필요한 오해의 소지를 막기 위해 부득이하게 설명을 오늘로 앞당기게 됐습니다.

아무쪼록 이번 결정에 대해 구성원 여러분의 넓은 이해와 성원 부탁드립니다. 우리 KIT 가족의 협조와 이해, 그리고 동참 없이는 어느 것도 이룰 수 없을 것입니다. 감사합니다.(2023. 5. 22)

13. KIT가 개교 58주년을 맞았습니다

 사랑하는 KIT 경남정보대학교 가족 여러분. 지난 한 주 동안 안녕하셨습니까. 그리고 연휴 잘 보내셨는지요?

 봄을 맞아 대학로의 벚꽃을 즐기던 것이 엊그제 같은데 벌써 여름이 온 듯 제법 무더운 날씨가 이어지고 있습니다. 그러고 보니 이제 5월도 이틀밖에 남지 않았네요. 지난 5월은 가정의 달을 맞아 연휴도 많았고, 4년 만의 체육대회와 축제도 열려 모처럼 캠퍼스에 활기가 가득한 한 달이었습니다.

 5월 28일은 우리 대학 개교 58주년이 되는 뜻깊은 날이었습니다.
 그래서 오늘 오전 11시 이날을 기념하기 위해 미래관 2층 역사기념관에서 '학교법인 동서학원 설립 58주년 감사예배'를 드립니다. 오전 9시에는 여러분과 함께 '경남정보대학교 개교 58주년 기념 채플'도 가질 예정입니다.
 58년 전 19명의 입학생으로 시작한 우리 경남정보대학교가 이제 반세기를 훌쩍 넘기며 13만여 명의 동문을 배출한 큰 나무로 성장했습니다.

이 척박한 냉정골에서 축복의 땅을 일구시고, 동서대학교와 부산디지털대학교, 경남정보대학교를 세워 이끌어주신 장성만 설립자님과 박동순 이사장님께 깊은 감사를 드립니다.

또 대학의 구성원으로서 매 순간 열정과 사랑으로 우리 대학을 지켜오신 수많은 선배님들, 그리고 교수 직원 선생님들에게도 존경의 말씀을 드립니다. 각별히, 소천하신 장성만 설립자님이 많이 생각나는 아침입니다.

설립자님 모시고 함께 일하면서 가르침 받았던 교육과 대학 경영에 대한 많은 것들이 떠오릅니다.

또 설립자님이시라면 지금 대학들이 겪고 있는 위기에 대해 어떻게 대처하셨을까라는 물음도 던져 봅니다.

여러분도 이 아침 다 함께 기뻐하고, 앞으로도 우리 학생들을 위해 항상 변화와 혁신의 맨 앞자리에 설 수 있도록 다짐하고 성찰하는 시간이 되셨으면 합니다. 특히 급변하는 외부 환경 변화를 슬기롭게 극복하고 혁신의 미래를 열어갈 수 있도록 우리 모두 힘을 모아야 할 때입니다.

지난주에는 우리 졸업생이 좋은 소식을 전해주었습니다.

물리치료과 창업동아리 '피티브로' 출신 졸업생들이 재학 중 선발된 중소벤처기업부의 '창업중심대학 예비 창업패키지' 통해 성공적인 창업을 이뤄냈습니다. 피티브로가 개발한 턱관절 및 거북목 통증(두통) 완화 장치가 그 주인공인데요. 현재 KC인증을 취득하고 미국 FDA 인증 등 국내외 출시 절차를 밟고 있다고 합니다.

9월 대량 생산을 목표로 현재 5억 원 규모의 판매 계약을 진행 중이고 미국 진출까지 추진해 3년 내 1,000억 매출을 목표로 한다고 합니다. 동아리 이름을 따 만든 메디컬 벤처기업 ㈜피티브로의 김태훈 대표와 직원들은 모두 경남정보대 물리치료과 출신 졸업생들로 재학 시절부터 각종 경연대회를 휩쓸며 차세대 메디컬 기기들을 선보여 왔던 인재들입니다.

우리 대학을 선택한 인재들이 좋은 교육을 통해 훌륭한 동문으로 성장하는 모습이 정말 대견하고 자랑스럽습니다. 이들이 우리 사회에서 튼튼히 뿌리내릴 수 있도록 여러분의 지속적인 관심과 성원이 필요할 것 같습니다.

또 지난 19일에는 우리 대학이 에스티로더컴퍼니즈의 한국 오피스인 이엘씨에이한국(유)와 산학협약을 맺고 관련 학과를 개설하기로 했습니다. 세계적인 화장품 업체와의 협력을 통해 학과를 만드는 것은 부산에서는 처음 있는 일입니다. 애써 주신 학과 교수님들 고생 많으셨습니다. 앞으로 주문식 교육의 좋은 본보기가 될 수 있도록 노력과 관심 부탁드립니다.

이제 6월입니다.

한 학기를 되돌아보며 마무리하는 시기이지만 우리 앞에 놓인 숙제 또한 많은 것 같습니다.

지난 금요일 확대교무회의 때 학과장님께도 3개 대학 통합에 대해 설명드렸지만 앞으로 우리 대학이 나아가는 길에 모든 일들을 실수 없도록 차근차근 진행해나가도록 하겠습니다. 특히 구성원들이 조금이라도 불이익을 당하거나 박탈감을 느끼지 않도록 만전을 기하겠습니다.

궁금하신 점도 많으실 테지만 다음 달이 되면 통합과 관련해 구성원 여러분들에게 좀 더 적극적인 의견수렴이 가능해질 것으로 생각됩니다. 이번 한 주도 모두 건강하고 활기찬 한 주 보내시길 기도드립니다.

감사합니다. (2023. 5. 30)

14. 학기 중 발주한 정부수행 모든 국가사업에 선정된 KIT

사랑하는 KIT 경남정보대학교 가족 여러분. 그동안 안녕하셨습니까.

지난 현충일 휴일로 인해 6월 들어 처음 인사드립니다. 아마 이번 학기 마지막 소식을 전해드리는 것이 될 것 같습니다. 15일부터 시작되는 기말고사가 끝나고 나면 2023년 1학기도 마무리됩니다. 그동안 학과 교수님들과 각 행정부서 구성원 여러분 정말고생 많으셨습니다. 총장으로서 큰 고마움을 느낍니다.

지난 학기는 정말 하나님이 우리의 잔을 넘치도록 채워주셨다고 생각합니다.

정부가 시행하는 국가사업에는 빼놓지 않고 선정되었고, 우리학생들은 외부에서 경남정보대학교의 위상을 드높여주었습니다. 100여 명의 유학생이 우리 대학을 찾아 새로운 생활을 시작했고, 기업들의 산학협력이 이어지는 등 다른 대학 관계자들이 누구나 부러워할 정도로 큰 성과를 거두었습니다. 이 모든 것이 우리 대학의 선배들이 닦아놓은 튼튼한 기반 위에 여러분들의 노고가 더해졌기 때문이라고 생각합니다.

　학기가 마무리되는 이 시점까지도 우리 대학은 쉬지 않고 안팎으로 큰 성과를 거두고 있습니다. 우선 며칠 전 교육부가 주관하는 '첨단분야 혁신융합대학 사업'의 이차전지 분야에 선정됐습니다. 이 사업은 대학이 지자체와 함께 첨단분야 인재를 양성하도록 하는 사업입니다.

　우리 대학은 충북대 가천대 인하대와 컨소시엄을 형성해 선정의 영광을 안았습니다.

　화공에너지공학과 전기과 기계계열 전기수소자동차과 컴퓨터학과 교수님들, 그리고 관련 부서 여러분 수고 많으셨습니다.

　앞으로 국가 차원의 첨단분야 인재양성 정책이 지역 발전과 연계해 지역과 대학이 상생하는 모델이 될 수 있도록 지속적인 관심과 노력 부탁드립니다.

학생들의 취·창업을 지원하는 행사도 많이 열렸습니다.

지난 9일 센텀 캠퍼스에서 '에코프로비엠'과 산학협력 가족회사 협약을 체결했습니다.

에코프로비엠은 하이니켈계 양극소재 제품을 가장 먼저 개발하고 양산화에 성공한 세계 고용량 양극소재 시장을 선도하고 있는 기업입니다. 이러한 세계적 기업과 산학협약을 맺음으로써 학생들의 현장실습과 취업에도 많은 도움이 되리라 생각합니다.

지난 8일에는 '로컬콘텐츠 중점대학사업단 창업서포터즈 발대식'과 전문가 특강이 열렸습니다.

이 자리에는 부산광역시사회적경제지원센터 유철 센터장, 푸드킹덤 이창훈 대표, 단디벤처포럼 안진범 사무국장 등 관계자들과 학생 30여 명이 참석했습니다. 이날 창단한 창업서포터즈는 지역 유관 기관과 창업, 미디어, 뷰티, 제과제빵 등 다양한 분야의 전문가 집단으로 구성되어 있습니다. 창업에 의지가 있는 학생이라면 누구나 이분들의 조언을 얻어 성공적인 창업이 이뤄질 수 있도록 지원할 계획입니다.

이어진 전문가 특강에는 유튜브 채널 푸드킹덤 이창훈대표께서 수고해주셨습니다. 학생들에게 많은 도움이 되었기를 바랍니다. 지난 5일에는 계열/학과별 학회장 35명을 취업서포터즈로 임명하고 간담회를 가졌습니다. 취업정보를 전체 동료 학생들과 공유하고 취업 분위기를 조성하는 역할을 하게 될 것입니다.

지난 7일에는 K메디컬센터 아트홀에서 '한국어학당 2023년 한국어연수과정 여름학기 개강식'이 열렸습니다. 이에 앞서 5일에는 베트남 유학생 20명이 추가 입국해 이날 행사에 참석했습니다. 이로써 우리 대학 베트남 유학생은 94명이 되었습니다.

국제교류센터는 유학생들의 한국 생활 적응을 위해 부산시티투어와 학과체험 행사를 연 데 이어 지난 9일 오후에는 온천동에 있는 부산119안전체험관 견학도 다녀왔습니다. 100명 가까운 유학생들의 생활 하나하나를 챙겨주는 직원 선생님들과 아홉 분의 한국어 강사님들 정말 수고 많이 해주고 계십니다.

현재 국제교류센터는 베트남뿐 아니라 몽골, 일본, 호주의 대학들과도 이미 유학생 유치와 관련한 협의를 시작했거나 곧 접촉에 나설 예정입니다. 저도 직접 이들 국가의 대학을 방문해서 유학생 유치 의사를 직접 전달할 예정입니다.

아시겠지만 우리 대학 학생 30명도 7월 1일 호주의 James Cook University Brisbane으로 한 달간 연수를 떠납니다. 글로벌 칼리지를 향한 우리 대학의 여정이 차질 없도록 잘 챙기겠습니다. 또 이런 국제화의 결실이 보다 많은 학과에서 맺어질 수 있도록 최선을 다하겠습니다.

성인학습자들을 위한 '50+생애재설계대학' 개강식도 지난 8일 오후 열렸습니다.

'리스타트를 위한 웰빙브런치 전문인력양성 과정'이라는 타이틀로 50명의 수강생을 선발해 105시간의 교육을 진행합니다. 참여 학생들이 인생 2막의 삶을 성공적으로 시작할 수 있도록 돕고 58년 전통을 이어오는 KIT 평생교육의 거점기관으로서 역할을 다할 수 있도록 평생교육원과 함께 꼼꼼히 챙겨나갈 것입니다.

어제(12일) 재학생을 대상으로 열었던 '2023 창업콘텐츠 아이디어 공모전' 시상식이 있었는데요. 출품한 우리 학생들의 아이디어가 워낙 뛰어나 참석했던 외부 심사위원들로부터 몇몇 아이디어는 바로 현업에 적용해도 될 것 같다는 찬사를 받았다고 합니다.

이런 점이 바로 우리 대학의 저력이라고 생각합니다. 교수님들은 헌신적으로 제자들을 가르치고, 또 배움에 최선을 다한 학생들은 안과 밖에서 쉼 없이 우리 대학을 빛내고 있기 때문입니다.

지난 9일 확대교무회의 때도 말씀드렸지만 요즘처럼 대학이 안팎으로 어려운 시기에 우리 대학이 이렇게 활기차게 성장을 이어가고 있다는 것도 어떻게 보면 감사한 일이라는 생각이 듭니다. 모두 바쁘고 힘든 시기를 지나고 있지만 보다 긍정적으로 사고하고 잘 극복해나가셨으면 합니다. 아무쪼록 여름방학을 맞아 건강과 안전에 유의하시면서 모처럼 가족들과도 여유로운 시간 보내시고 자신을 충전하는 기회를 만드시길 바랍니다.

7월 4일 Value-up 워크숍에서 뵙도록 하겠습니다. 한 학기 동안 정말 수고 많으셨습니다.

감사합니다. (2023. 6. 13)

15. 2024년 글로컬 대학에 재도전합니다

사랑하는 KIT 경남정보대학교 가족 여러분,
안녕하셨습니까.

유난히 분주했던 2023학년도 1학기도 기말고사를 끝으로 마무리되었습니다. 나름 결실도 많았지만, 아쉬움도 큰 한 학기였습니다. 그동안 정말 수고 많으셨습니다. 감사합니다.

지난 20일 교육부가 발표한 '2023년 글로컬사업' 예비선정대학 명단에 우리 대학이 포함되지 않았습니다. 나름 최선을 다했던 터라 아쉬운 마음이 큽니다. 하지만 이번 결과를 실패로 규정하기보다는 재검토를 통해 새로운 도약의 기회로 삼아야 할 것입니다. 심기일전하여 내년에 다시 도전하겠습니다.

몇 차례 설명드렸듯이 이번 보고서는 동서학원 산하 3개 대학을 통합하는 것을 전제로 작성되었습니다. 내년에는 이 통합의 기조는 유지하면서 학내외의 다양한 목소리를 폭넓게 반영하고 변화하는 환경을 적극 수용해 새로운 혁신모델을 개발하는 데 최선을 다하겠습니다.

　그간 불철주야 보고서를 기획하고 작성하는 데 심혈을 기울여 주신 모든 분들께 머리 숙여 감사의 말씀을 드립니다. 결코 우리에겐 좌절이란 없습니다. 다시 힘내서 열심히 뛰겠습니다. 많은 힘을 모아주시고, 기도해 주시길 간절히 부탁드립니다.

　감사합니다. (2023. 6. 22)

16. 몽골 대학생 유치·
호주 제임스쿡 대학과 **학위교류 개시**

사랑하는 KIT 가족 여러분. 여름방학 기간동안 안녕하셨습니까.

지난 7월 4일 Value-up 워크숍 자리에서, 또 시무예배 때 인사드린 이후 오랜만에 여러분과 만나 뵙는 것 같습니다. 매번 그렇지만 새 학기가 문을 여는 시기가 되면 캠퍼스에 생동감이 넘치면서 누구를 만나든 반갑고 설레는 마음입니다.

지난여름은 과거 어느 때보다 뜨겁고 긴 장마, 폭우, 태풍이 이어진 이상기후의 연속이었습니다. 지구온난화의 영향은 우리나라에만 이런 계절의 변화를 끼친 것이 아니라 이제 전 지구적인 문제가 된 것 같습니다. 혹시 우리 교수 직원 선생님들 가정에도 무더위나 비로 인한 피해가 없었는지 걱정되었습니다. 건강과 안전에 각별한 유의를 해주시길 당부드립니다.

저는 지난 여름방학 동안 우리 대학이 글로벌대학으로 나아가는데 주력했습니다.

우선 유학생 유치를 위해 지난 20일부터 4박 5일 일정으로 몽골을 다녀왔습니다.

현지에서 몽골 칼트마 바툴가 前 대통령을 비롯, 대통령실 외교경제수석비서관과 국회부의장 등 정부 요직자들을 만나 유학생 유치를 위한 협의를 진행했습니다. 특히 이번 방문에서 중점을 둔 것은 부산의 기업인들과 함께 입학과 취업을 동시에 보장하는 정주 형태의 유학생 유치 전략을 실험해보았다는 것입니다.

부산의 9개 중견기업 대표들을 모시고 가서 유학생들이 우리나라에서 안정적으로 학업을 마치고 지역사회 구성원으로 성장할 수 있도록 취업까지 미리 약정했습니다. 몽골 학생들이 우리 대학에 입학 시 참여 기업들이 전액 장학금을 지급하는 내용의 양해각서 체결식도 진행했습니다.

방문 계획을 잘 준비해준 국제교류센터 교수 직원 선생님들과 기업들의 협조 덕택에 현지에서도 꽤 화제가 되었고 교육부로부터도 바람직한 유학생 유치 활동이라는 평가를 받았습니다.

세부적인 일정이 잘 진행된다면 아마 이번 학기부터는 우리 캠퍼스에서 몽골 유학생들을 만나볼 수 있게 될 것 같습니다.

7월에는 호주 자매대학인 James Cook University Brisbane(총장 Kathleen Newcombe)을 방문해 관광 서비스 분야 학과(호텔관광, 외식조리, 제과제빵 등) 재학생들을 대상으로 '2+1 복수학위 과정' 등 한국·호주 양 대학 간 학위 교류를 추진하기로 합의했습니다.

방문 길에 브리즈번의 한인식당에서 우리 대학과 제임스쿡 대학 공동 주최로 '제1회 김치데이' 행사를 열었는데요. 아드리안 슈리너 브리즈번 시장을 비롯한 현지 국회의원과 시의원 등 지역을

대표하는 각계 인사 약 200여명이 참석해 교민사회와 현지 언론, 현지인들에게 큰 관심을 받았습니다.

특히 같은 시기 이 대학에서 단기어학연수 중이던 우리 학생 30여 명이 함께 참여해 더욱 뜻깊은 행사가 되었습니다. 먼 타국에서 자신의 꿈을 마음껏 펼치고 있는 우리 학생들의 밝고 자유스러운 모습을 보니 총장으로서 자랑스럽고 가슴 뿌듯했습니다.

지난 6월 16일에는 일본 후쿠오카에 위치한 일본경제대학과 교류협정을 체결했습니다.

현재 우리 대학 한국어학당에서 공부하고 있는 베트남 유학생들도 내년 정규과정 입학을 위해 열심히 한국어능력시험(TOPIK)을 준비하고 있습니다.

유학생 유치와 대학의 글로벌화는 제가 취임 초부터 말씀드린 3C정책의 한 축입니다.

해외 대학과 활발한 네트워크를 형성하고 신흥국을 대상으로 유학생 유치에 집중해 글로벌 대학으로의 기반을 다질 각오입니다.

사랑하는 KIT 가족 여러분.

이제 다음 주 월요일(9월 11일)부터는 2024학년도 수시모집 원서접수가 시작됩니다. 며칠 전 우리 부산의 합계출산율이 0.6명대까지 떨어졌다는 기사를 보았습니다. 10년 전의 절반 수준밖에 되지 않는다는 것입니다. 서울의 초중고생도 12년 후에는 반토막이나 폐교가 속출할 것이라는 서울시교육청의 분석 결과도 나왔습니다.

이제 학령인구 절벽, 인구 급감은 더 이상 새롭거나 놀라운 일도 아닌 것 같습니다. 부족한 입시 자원을 탓하고 있을 수만은 없습니다. 2학기 시무식 때도 말씀드렸지만 내년에 글로컬대학사업에 재도전하기 위해서라도 입시 충원율 100%는 우리가 꼭 이뤄야 할 숙제입니다.

지금도 우리 KIT 가족 여러분 너무나 수고해주신다는 것을 총장으로서 잘 알고 있습니다. 하지만 입시를 앞두고 또 한 번 간곡히 부탁드릴 수밖에 없는 상황임을 이해해주시기 바랍니다.

지난 1일 확대교무회의 자리에서는 그동안 우리 대학에서 근무

해오신 윤성현, 김창렬, 정민호 교수님의 정년퇴임식이 있었습니다. 정든 교정을 떠나는 자리에서도 세 분 모두 우리 대학의 미래를 걱정해주시고 100년 대학으로 우뚝 서기를 기원해주셨습니다.

고마움과 함께 총장으로서 무한한 책임감과 사명감을 느꼈습니다.

이제 캠퍼스는 다시 젊은 기운으로 활기를 되찾고 있습니다. 개강의 반가움, 생동감을 만끽하는 한 주 되시길 기도드립니다.

감사합니다. (2023. 9. 5)

17. 치위생학과, 부산 치과산업 혁신 플랫폼 구축에 앞장서다

사랑하는 KIT 가족 여러분.
지난 한 주간 안녕하셨습니까.

개강 이후로 모두 정신없이 바쁜 시간입니다.

하지만 어느새 아침 저녁으로 서늘한 바람이 부는 것이 계절의 변화를 실감하게 됩니다. 어제부터는 2024학년도 수시 모집이 시작되었습니다. 이미 개학 전부터 부산은 물론 경남까지 먼 거리 마다않고 입시 홍보에 애쓰고 계시는 학과 교수님들께 정말 감사하다는 말씀 먼저 드립니다.

지금 우리가 쏟는 열정과 수고가 결코 헛되지 않아서 내년 풍성한 결실을 거둘 수 있기를 기원합니다.

우리 대학은 지난주 부산시가 주관하는 RIS(지자체-대학 협력 기반 지역혁신사업) 지역혁신 자율과제사업에 선정되었습니다. 의료바이오(치의학)분야에 '부산 지역 치과산업 혁신플랫폼 구축'이라는 과제를 제출한 우리 대학은 이로써 향후 5년 동안 총 10억 원의 사업비를 받게 됩니다.

특히 기존 정부나 지자체의 지원사업이 공학계열에 치중되어 있었다면 이번 사업은 보건계열로 영역이 확장되었다는 데 의미를 둘 수 있을 것 같습니다. 앞으로도 보다 다양한 분야에서 정부 지원사업이 진행될 수 있도록 본부에서는 학과와 함께 더 많은 노력을 기울이겠습니다.

지난주에는 치위생과에 좋은 일이 많았습니다. 우리 대학 치위생과가 문을 연지 올해로 20주년을 맞았습니다. 지난 8일에는 센텀캠퍼스 컨벤션홀에서 동문회와 부산시치과의사회, 대한치과위생사협회 부산광역시회 등 내외빈을 모시고 '개설 20주년 기념행사'를 가졌습니다.

동문회와 재학생들이 만나는 '경정 치위생인의 밤' 행사도 함께 열었습니다. 선후배들이 한자리에 모여 서로를 격려하고 축하하는 모습이 참 보기 흐뭇하고 아름다웠습니다.

명문 대학의 장구한 역사는 이렇게 각 학과의 단단한 역사들이 모여서 큰 산처럼 이루어진다고 생각합니다. 그런 뜻에서 치위생과의 졸업생, 재학생들이 지난 20년간 이뤄온 성과는 결코 작지 않습니다. 치위생과 20주년을 진심으로 축하하고 역사를 일궈온 학과 구성원 여러분에게 진심을 담아 응원의 박수를 보냅니다.

지난 5일 우리 대학 기술사관육성사업단은 서면 롯데호텔에서 부산지방중소벤처기업청, 한국반도체산업협회, 경성전자고등학교와 연계교육 협약을 체결했습니다. 아시다시피 기술사관육성사업은 직업계고 2년, 전문대학 2년, 4년간의 연계 교육을 통해 중소기업 현장에서 요구하는 기술인력을 체계적으로 양성하기 위한 프로그램입니다.

우리 대학 반도체과는 경성전자고등학교와 연계 교육을 통해 반도체 공정 장비 및 유지보수 분야의 중추적 역할을 맡을 우수한 전문기술 배출을 위한 기술인재 양성 프로그램을 운영하고 있습니다. 이 학생들이 우리 대학에 입학해서 훌륭한 반도체 전문인력으로 성장할 수 있도록 잘 가르쳐야 할 것입니다.

앞에서도 말씀드렸지만 당분간 입시라는 큰 숙제 때문에 다들 마음의 여유를 찾기 어려운 시기인 것 같습니다. 올해 입시가 워낙 어려운 상황이다 보니 저 역시 다른 일을 하더라도 노심초사하는 마음을 지울 수 없습니다. 하지만 우리 KIT 가족들이 애쓰는 모습을 보며 '모두 잘될 것'이라는 위안을 삼고 있습니다. 저 역시 입시에 발로 뛰면서 여러분들에게 힘을 불어넣을 수 있을지 항상 고민하고 또 고민하겠습니다.

환절기 건강 잘 챙기시고 즐거운 마음으로 한 주 시작하시길 기도드립니다.

감사합니다.(2023. 9. 12)

18. 신입생 모집에 **최선을 다합시다**

사랑하는 KIT 가족 여러분. 안녕하셨습니까.

지난주 꽤 많은 비가 내리더니 이제 가을이 성큼 다가온 것 같습니다. 높은 가지를 흔들던 매미 소리가 잦아들고 캠퍼스에도 어느새 귀뚜라미 울음소리가 가을의 정취를 물씬 느끼게 합니다.

지난주부터 시작된 2024학년도 수시 원서 접수가 이제 일주일이 지났습니다.

남은 날을 보니 16일 정도입니다만 추석 연휴 엿새를 제외하면 10월 5일 마감일까지는 이제 딱 열흘이 남았습니다. 지난 금요일 접수를 마감한 일반대학의 결과를 보셨겠지만 올해는 부산 지역 대부분의 대학들이 경쟁률이 하락하면서 고전을 면치 못했습니다.

부산대(10.41대 1), 동아대(5.95대 1), 부경대(7.03대 1), 동서대(4.65대 1), 신라대 (4.64대 1), 고신대(3.54대 1), 경성대(5.8대 1), 부산외대(2.85대 1) 등은 지난해보다 경쟁률이 하락했고, 동의대(4.5대 1), 한국해양대(5.96대 1), 동명대(5.57대 1) 등이 소폭 상승했지만 거의 모든 대학들이 사실상 수시에서 미달로 여겨지는 6대 1 이하의 경쟁률을 기록했습니다.

　우리 대학도 여러분의 수고 덕분에 다른 전문대학보다는 나은 지원율을 기록하고 있지만, 입시가 힘들었던 지난해 수준에 미치지 못하는 상황입니다.

　지난해의 경우를 본다면 4년제 일반 대학과 지원 기간이 겹치는 동안 우리 대학을 지원한 학생은 전체의 32%였습니다. 나머지 68%의 지원자가 우리 대학에 지원한 것은 4년제 대학의 접수가 마감된 이후라는 것입니다. 결국 우리 대학 입시의 성패는 전문대 지원이 본격적으로 시작되는 이번 주부터 마감일까지 어떤 노력을 기울이느냐에 따라 달려있다고 할 수 있습니다.

　지원자들이 급감하고 대부분의 고등학교들이 입학설명회를 줄이고 있는 상황에서 이제는 학생들을 개별적으로 지도해 우리 대학에 지원하도록 해야겠습니다.

어제부터는 입시관리처 주관으로 '수험생 대학초청 설명회 및 학과 체험'이 열리고 있습니다. 이미 우리 대학을 지원했거나 관심을 갖고 있는 학생들이 우리 대학을 방문해 좋은 점들을 많이 알게 되고, 최종 등록으로 이어질 수 있도록 하는 것이 중요합니다. 학과 체험에 나서는 학생들을 잘 케어해주시는 노력이 필요할 것 같습니다.

이와 함께 성인 학습자를 모집하는 학과에서는 입시처와 함께 기업, 관공서, 단체 등을 중심으로 홍보가 이뤄져 그분들에게 만학의 기쁨을 느끼게 해주고 우리 대학으로서도 새로운 입시자원을 발굴하는 계기로 만들었으면 합니다.

저는 아주 낙관적인 성격이라 웬만한 일로는 크게 걱정을 하거나 고민을 하지는 않습니다. 그런데 총장이 된 후 입시를 겪으면서 치통도 앓게 되고 밤잠을 설치는 일이 많아졌습니다.

솔직히 말씀드리면 입시만큼은 제 뜻대로 되지 않는 것 같아 힘들 때도 있습니다. 하지만 입시를 위해 동분서주하는 우리 대학 구성원들을 보면서 마음을 다독거리기도 하고 많은 힘을 얻습니다.

사실 제가 다른 어느 대학을 가봐도 우리 대학 교수 직원선생님 여러분만큼 대학의 일을 자신의 일처럼 열심히 해주시는 곳을 보지 못했습니다. 지난주 밤늦게까지 학과 발전을 위해 함께 노력하시던 간호학과 교수님들, 그리고 20주년을 맞아 동문과 함께 즐거운 자리를 갖는 치위생과 교수님들을 보면서 참 고맙고 미더웠습니다.

비단 두 개 학과뿐 아니라 우리 대학 구성원들의 노력과 열정이 전통과 저력이 되어 우리 대학을 오늘날 전국 최고 전문대학의 자리에 올려놓은 게 아닌가 생각합니다. 힘드시겠지만 남은 기간 동안 각자 자리에서 최선을 다해주시길 바랍니다.

지난 금요일 확대교무회의는 미래관 역사기념관에서 가졌습니다.

제가 이곳을 회의장소로 택한 이유는 '과연 장성만 설립자님께서는 이런 어려운 상황에서 어떤 생각을 하시고, 어떤 결정을 하셨을까'라는 배움을 얻기 위해서였습니다.

그리고 우리 구성원 모두 '한번 도전해 보자'는 다짐의 자리가 되길 바라는 마음에서였습니다.

설립자님이 생전에 보여주셨던 긍정의 힘이 우리를 항상 지켜주신다는 믿음으로 신발끈을 조여 매는 한 주가 되시길 기도드립니다.

감사합니다. (2023. 9. 19)

19. 밝고 풍요로운 한가위 되시길

민족의 대명절 추석이 사흘 앞으로 다가왔습니다.

이번 명절 연휴는 모처럼 엿새나 이어집니다. 일상의 숙제나 걱정들은 잠시 내려놓으시고, 가족, 친지들과 넉넉하고 여유롭게 보내시길 바랍니다.

고향 다녀오시는 분들 운전 각별히 유의하시고요. 둥근 보름달처럼 밝고 풍요로운 한가위, 건강하고 행복한 시간 되시길 기도드립니다. (2023. 9. 26)

20. 입학 지원자들이 등록으로 이어질 수 있도록 최선을 다합시다

　사랑하는 KIT 가족 여러분. 그동안 안녕하셨습니까.

　추석 명절 연휴로 2주 만에 인사를 드립니다. 아직 한 낮에는 여름의 기운이 남아 있지만 어느새 아침저녁으로는 찬 기운이 도는 것이 깊은 가을로 접어들었음을 실감하게 합니다.

　아시다시피 지난 5일, 2024학년도 수시 1차 접수를 마감했습니다.

　우리 대학은 1,714명(정원 내) 모집에 9,665명이 지원해 평균 5.64대 1의 경쟁률을 기록했습니다.

　정원 외 모집 1,324명 등 총 1만989명이 지원해 부산지역 전문대학 중 가장 많은 지원자를 받은 대학이 되었습니다. 대한민국 최고의 전문대학으로서의 역사와 전통이 거저 주어진 것이 아님을 새삼 확인하는 계기가 되었습니다. 그동안 어려운 입시환경 속에서도 불철주야 노력하신 입시관리처를 비롯한 모든 교직원 여러분께 진심으로 감사의 말씀을 드립니다.

　이제는 지원자를 잘 관리해서 등록으로 이어질 수 있도록 하는 노력이 필요할 때입니다.

특히 지난해보다 일반대학의 지원율이 떨어진 상태에서 우리 대학의 순수 지원자도 감소해 이미 지원한 학생들을 어떻게 관리하느냐가 입시의 성패를 가르는 열쇠가 될 것으로 보입니다. 본부에서는 대학초청 입학 설명회와 학과체험, 웰컴키트 등 학과를 지원하기 위한 프로그램을 준비하고 있습니다. 각 학과별로 잘 활용하셔서 보다 많은 학생이 우리 대학의 새로운 가족이 될 수 있도록 등록 관리에 만전을 기해주시기 바랍니다.

예상은 했습니다만 수도권과 지방, 일반대와 전문대를 가릴 것 없이 혹독한 입시상황이 이어지고 있습니다. 하지만 지난 확대 교무회의에서 각 학과장님들의 발표를 들으면서 우리 교수님들이 얼마나 각자의 일터를 사랑하고 많은 수고를 해주고 계신 지 새삼 느꼈습니다.

고개 숙여 감사드립니다.

지난 6일에는 한글날을 앞두고 우리 대학에서 공부하고 있는 유학생들이 민석스포츠센터에서 기념행사를 가졌습니다. 한국어 말하기대회와 골든벨 퀴즈대회 등 행사를 치르며 즐거워하는 모습을 보면서 총장으로서 우리 대학의 새로운 미래를 열기 위해 좀 더 뛰어야겠다는 다짐을 했습니다. 10월 말부터 연말까지 베트남을 비롯, 각국을 돌며 유학생 유치를 위한 노력을 기울일 계획입니다. 여러분이 입시를 위해 노력하시는 동안 저는 새로운 미래 먹거리를 해외에서 찾아보겠습니다. 우리 모두가 자신의 학과, 대

학에 대한 자신감과 자부심으로 매사에 임한다면 충분히 이 파도
를 극복할 수 있다고 생각합니다.

이제 추석 명절과 한글날 연휴도 지나고 새로운 한 주가 시작됩
니다.
수업과 행정업무, 입시, 취업 등으로 바쁘시겠지만 이럴 때일수
록 여유를 가지고 가끔은 무르익어 가는 가을의 정취를 느끼시는
시간 가지시길 바랍니다.

감사합니다. (2023. 10. 10)

21. 58년 동안 지역사회와 함께 성장해 온 KIT

사랑하는 KIT 가족 여러분.
한 주 동안 안녕하셨습니까.

요즘 하늘을 바라보면 눈이 부시다는 표현이 모자랄 정도입니다.
푸르고 청명한 가을 하늘 덕분에 자신도 모르게 하늘을 쳐다보게 만드는 계절인데요.
가을이 주는 행복 중 하나가 아닐까 싶습니다. 특히 푸른 하늘을 자주 보면 기분이 상쾌해지는 것뿐 아니라 혈액순환과 신진대사에도 긍정적인 영향을 미친다고 합니다.
바쁜 일상이지만 선선한 바람 맞으며 사랑하는 가족과 여행을 계획해 보는 것도 좋을 듯합니다.

지난 14일에는 주말임에도 2024학년도 수시1차 모집 면접고사가 있었습니다.
대학자체 특별전형, 전문대 및 대학 졸업 특별전형, 만학도 및 성인 재직자 특별전형을 실시하는 학과 가운데 12개 학과에서 열렸는데요. 좋은 제자들을 한 명이라도 더 선발하고 이들과 소통하기 위해 노력하신 교수님들 하루 종일 고생 많으셨습니다. 그리고

면접고사가 차질 없이 진행되도록 보이지 않는 곳에서 애써주신 직원 선생님들도 수고하셨습니다. 이런 노고가 부디 헛되지 않아서 내년 봄보다 많은 학생들이 우리 대학을 찾기를 기원합니다.

지난 일요일에는 '제7회 경남정보대학교 총장배 사상구 배드민턴협회 청년부대회'가 우리 민석체육관에서 열렸습니다. 다 아시겠지만 우리 대학은 지난 58년의 역사 동안 지역사회로부터 많은 사랑을 받으면 성장해 왔습니다.

이러한 사랑에 보답하고 조금이나마 대학의 자산을 지역사회에 환원하고자 하는 노력이 평생교육원 설치, 사랑의 밥차 운행, 김장나누기, 연탄나누기, 삼계탕데이 등의 사업으로 이어져 왔습니다. 이번 배드민턴 대회도 이러한 사회환원의 사업의 일환으로 만들어져, 벌써 7회째를 맞았습니다. 사상구 관내의 많은 배드민턴

동호회원들이 우리 대학을 찾아와 즐거운 시간을 보내는 모습을 보니 흐뭇하기도 하고 우리 대학의 위상을 눈으로 확인하는 것 같아 뿌듯했습니다.

어제는 우리 대학 반려동물케어과 교수님들이 '동물보건사 양성기관 평가인증'을 위한 신청서와 자체평가보고서를 농림축산식품부에 제출했습니다. 이제 반려동물의 건강 관리는 수의사의 지도 아래 동물의 간호나 진료보조업무를 수행하는 동물보건사 자격이 필요하고 동물보건사 양성기관은 농림축산식품부장관의 평가인증을 받도록 법으로 규정하고 있습니다.

촉박한 일정에도 불구하고 신청서류와 자체평가보고서 작성을 위해 애써주신 반려동물케어과 교수님들과 기획처 직원들에게 감사의 말씀을 드립니다.

어제 오후에는 반려동물케어과 교수님들이 서울 (사)한국애견협회를 찾아 '반려동물 전문 인재 양성을 위한 산학협력 협약'도 체결했습니다. 동물보건사 양성기관 선정은 물론, 관련 기관과의 활발한 교류 활동을 통해 우리 대학이 반려동물 전문 인력 양성기관으로 자리 잡을 수 있도록 최선을 다해주시기 바랍니다.

이번 주말부터는 자율중간고사 기간입니다. 어느새 2023학년도 2학기도 반환점을 돌고 있습니다.

입시에 대한 부담, 졸업자 취업, 재학생 탈락률 방지 등에 대한 중압감으로 모든 대학들이 녹록지 않은 시기를 보내고 있습니다

만, 그래도 우리 대학이 선전하고 있는 것은 이를 이겨내 보고자
하는 구성원들의 힘이 크기 때문이라 믿고 있습니다. 절반을 지난
이번 학기 중간 점검 잘해주시고, 이번 한 주도 건강하고 활기찬
시간 되시길 바랍니다.

감사합니다. (2023. 10. 17)

22. 졸업생들이 창업한 ㈜피티브로 80만 달러 수출 달성

사랑하는 경남정보대학교 가족 여러분.
지난 한 주 동안 안녕하셨습니까.

숨 가쁘게 달려온 2023학년도 2학기도 이제 절반을 지났습니다. 지난 주말 빗발이 비친 이후로는 일교차도 심해졌습니다. 환절기 건강에 각별히 유의해야 할 시기인 것 같습니다.

캠퍼스는 중간고사 기간을 맞아 이를 준비하는 학생들로 열기가 뜨거운 것 같습니다.

도서관과 학습라운지에서 아침 일찍부터 자리를 잡고 공부하는 학생들을 보면 총장으로서 보람과 함께 '원석과 같은 학생들을 잘 다듬어서 훌륭한 인재로 만들어야겠다'는 당연한 책무감을 다시 한번 다지게 됩니다.

열심히 공부하고 미래를 준비한 학생들이 졸업 후 사회에서 훌륭한 역할을 해내고 있다는 소식을 들을 때면 그것보다 가슴 뿌듯한 일은 없을 텐데요.

며칠 전에는 우리 대학 졸업생들이 창업한 메디컬 벤처기업이 일본에 80만 달러(11억원) 규모의 수출을 계약했다는 소식이 들려 아주 반가웠습니다. 물리치료과를 올해 졸업한 학생들로 구성된 ㈜피티브로(대표 김태훈)는 지난 5월 턱관절 및 거북목 통증 완화 특허 기술을 적용한 휴대형 스마트 셀프홈케어 웨어러블 장치인 '에이크리스(AcheLess)'라는 제품을 개발해 많은 주목을 받았었는데요.

지난 11일~13일 일본 도쿄 국제전시장인 마쿠하리 멧세에서 열린 'MEDICAL JAPAN 2023 박람회'에 에이크리스(AcheLess) 제품을 출품해 일본 현지업체로부터 1만개를 주문받아 총 80만 1,600달러의 수출 계약을 체결했다고 합니다.

　또 최근에는 KDB 산업은행이 경쟁력 있는 스타트업 기업을 발굴해 투자유치 등을 지원하는 'KDB Next Round'에도 선정되기도 했습니다. 우리 대학은 이들을 창업공간인 'K-테크밸리'에 입주시키고 기술자문과 대외협력, 인프라 지원 등 대학 차원에서 지원을 아끼지 않고 있습니다. 어려운 환경을 이겨내고 성공적인 창업의 첫 단추를 꿴 피티브로가 우리 대학의 또 하나의 자랑이 될 수 있기를 기대해 봅니다.

　지난 금요일에는 IT빌딩에서 '한식을 통한 한국문화의 이해'라는 주제로 비빔밥 만들기 행사가 있었습니다. 우리 대학 한국어학당에서 공부하고 있는 해외유학생 100여 명이 참가해 직접 갖가지 나물로 비빔밥 만드는 법도 배우고 국도 만들어 나눠 먹으며 즐거운 시간을 보냈습니다.

행사 처음부터 끝까지 학생들을 도와 수고해주신 호텔외식조리학과 정숙희 학과장님을 비롯한 교수님들께 진심으로 감사드립니다.

저는 내일 25일 베트남을 방문해 현지 유학원 2곳과 하노이기술통상대학 등 4곳의 대학을 방문해 유학생 유치를 협의할 예정입니다. 다양한 방법으로 유학생을 유치하기 위해 본부에서도 많은 노력을 기울이고 있습니다.

또 26일과 28일에는 몽골과 베트남에서 20여 명의 유학생이 추가로 우리 대학을 찾을 예정입니다.

이제 우리 대학에서 해외유학생들은 더 이상 어색하거나 낯선 존재가 아닙니다. 이들도 어엿한 우리 KIT 가족의 일원이고, 앞으로 지속가능한 대학 경영을 위해서도 그 숫자가 더욱 늘어나야 할 것입니다.

저는 물론이고 국제교류센터를 비롯한 여러 행정부서에서도 유학생 유치와 이들이 우리 대학에 안착할 수 있도록 최선을 다하고 있습니다. 각 학과 교수님들의 많은 관심과 적극적인 협조 부탁드립니다.

베트남 방문의 결과는 귀국하는 대로 상세하게 정리해서 여러분과 반드시 공유하도록 하겠습니다.

몇 장 남지 않은 달력을 바라보노라면 이뤄놓은 것 없이 시간이 지나는 것 같아 공연히 마음이 급해지는 시기입니다. 입시나 취업 등 대학 내외부의 환경변화를 생각하면 답답한 기분이 드는 것도 사실입니다. 하지만 이럴 때일수록 건강 잘 챙기시고, 여유 잃지 마시고 생활하시기 바랍니다. 우리 대학 구성원들의 역량과 열정이라면 저는 어떤 어려움도 극복할 수 있을 것이라 굳게 믿습니다.

저는 베트남 다녀와서 다음 주 알찬 성과와 함께 인사드리겠습니다.

감사합니다. (2023. 10. 24)

23. 베트남 하노이기술통상대학과 복수학위과정 개설

사랑하는 KIT 경남정보대학교 가족 여러분.
지난 한 주 안녕하셨는지요.

아침저녁 날씨가 꽤 쌀쌀해졌습니다. 주말에는 초등학생들 사이에서 독감환자가 급증해 한 주 사이에 58%나 늘었다는 뉴스도 보았습니다. 모두 건강에 각별히 유의하셔야겠습니다.

저는 지난주 말씀드린 대로 25일부터 28일까지 베트남 출장을 다녀왔습니다.

두 곳의 대학과 현지 유학원 한 곳을 방문해 우리 대학 유학생 유치를 협의했는데요. 무엇보다 26일 베트남 하노이기술통상대학(HTT)과 복수학위과정을 개설하기로 한 것이 큰 수확이었습니다.

이번에 개설되는 1+1.5 복수학위과정은 베트남 현지 대학에서 1년을 재학 후 우리 대학 학위과정을 졸업하면 양 대학의 학위를 모두 수여하는 제도입니다.

이를 통해 우리 대학이 베트남 유학생들을 보다 효율적으로 유치할 수 있고 '정주형 유학생'을 양성해 지역 기업의 일손 부족 등 인구절벽으로 인한 지역 소멸도 막을 수 있을 것으로 기대됩니다.

실제로 교육부 등 정부 기관과 교육계로부터도 많은 관심을 받고 있고 연락도 오고 있는 상황입니다.

저는 또 하노이기전대학(HCEM)도 방문해 유학생유치와 교류 확대를 위한 협약도 맺었습니다.

현지 유학원에서 홍보설명회도 가졌습니다. 28일 아침 귀국길에는 베트남 유학생 17명과 함께 했습니다. 29일에는 몽골에서도 처음으로 유학생 6명이 입국했습니다. 이제 우리 대학에서 공부하는 유학생들은 정규과정과 교환학생, 어학연수생을 포함해 140명을 넘어섰습니다.

이 추세대로라면 내년 초까지는 200여 명까지 늘어날 것 같습니다.

현지 학생들의 한국 유학을 바라보는 분위기는 정말 뜨거웠습니다. 대학과 유학원에서도 아예 정책적으로 한국을 타깃으로 해 유학 시장 개척을 준비하고 있었습니다. 빡빡한 일정이었지만 한국 유학을 갈망하는 그곳 학생들의 관심과 열기를 직접 느끼면서 희망도 보았고 용기도 얻었습니다. 우리 대학을 찾은 유학생들을 잘 가르쳐서 경남정보대학교가 '정주형 유학생' 양성의 요람으로 거듭날 수 있도록 노력해야겠습니다.

지난 금요일에는 수시 1차 모집 최초합격자 발표가 있었습니다. 지원자 수가 급감한 상태에서 수시 2차와 정시에 추가로 대학을 지원할 학생들이 거의 없다고 생각한다면 이번 수시 1차에 지

원한 학생들을 잘 관리하고 우리 대학을 선택하도록 하는 것이 성패의 관건이라고 할 수 있겠습니다.

힘드시겠지만 입시만큼은 각 학과에서 자신의 학과에 책임을 다한다는 마음가짐으로 임해주시길 부탁드립니다. 저도 제 자리에서 우리 대학의 미래 먹거리를 찾고 대학의 위상을 높일 수 있도록 최선을 다해 맡은 바 소임을 다하겠습니다.

제가 학교를 비운 사이에도 우리 학생들이 외부에서 자랑스러운 수상 소식을 알려왔습니다.

'2023 부산정원박람회 손바닥정원 콘테스트'에서 우리 환경조경디자인과 학생들이 우수한 성적을 거뒀습니다. 일반부 부문에 '물빛 가을'이란 작품을 출품한 성인학습자반 1학년 김미애, 유재민 학생은 최우수상을, 학생부 부문에 '유유자적' 작품을 출품한 김하림(2학년), 박희은(2학년), 홍도현(1학년) 학생은 우수상 수상의 영예를 안았습니다.

진심으로 축하드리고 지도해 주신 학과 교수님들께도 감사의 말씀 드립니다.

어제는 바이오기업인 ㈜바이오리브(대표 이상민)와 산학협력 협약식도 가졌습니다.

㈜바이오리브는 유전자분석기술과 경험을 바탕으로 친자확인, 혈연확인, 개인식별, 특수시료감식 및 기타 질병 등과 관련된 유전자검사서비스를 실시하고, 분자 수준에서 생명공학에 대한 다양한 연구개발을 진행하는 부산에 본사를 둔 지역의 유망 기업입니다. 이번 협약을 통해 특히 우리 반려동물케어과와 공동으로 기술 개발, 인력양성, 시장정보 공유, 자문 및 기술이전 등 다양한 분야에 협력이 가능할 것 같습니다. 노력해주신 반려동물케어과 교수님들 수고 많으셨습니다.

어제 오후에는 우리 총학생회와 학생자치기구, 지역사랑 봉사단 학생들과 유학생, 보직자 등이 참여해 괘법동 괘내마을 11가구에 연탄 2,250장을 전달하는 '사랑의 연탄나누기 행사'도 가졌습니다.

이렇게 매주 우리 대학에서 있었던 일이나 소회를 글로 옮기다 보면 우리 대학은 잠시도 쉬지 않는다는 것을 실감합니다. 계속 페달을 밟아 달리는 자전거는 절대 넘어지지 않듯이 우리 KIT

경남정보대학교 구성원들이 마음을 합쳐서 노력해 주신다면 어떤
어려움도 극복하고 거침없이 앞으로 나아갈 것이라고 믿습니다.

저는 오늘 교육부 전문대학교육협의회 고등직업교육평가인증
원이 주최하는 '제28차 전문대학평가인증위원회 회의'에 참석하
기 위해 서울 출장으로 하루 학교를 비웁니다. 이번에 제가 교육
계와 대학평가 전문가, 관련 공공기관과 산업계, 공익단체 관계자
들로 구성된 이 위원회의 위원장으로 위촉이 되어 133개 전문대
학 평가 업무를 수행하게 되었습니다.

앞으로 이와 관련한 내용도 수시로 여러분과 공유하도록 하겠
습니다.

활기차고 즐거운 한 주 되시길 바랍니다.

다음 주에 뵙겠습니다.

감사합니다. (2023. 10. 31)

24. 국내 일등 전문대 KIT의 원동력은 구성원의 단합

사랑하는 KIT 가족 여러분.
지난 한 주 안녕하셨습니까.

지난주 11월의 날씨가 맞나 싶을 정도로 때늦은 더위가 이어지더니 어제는 마치 여름 장마처럼 요란한 비가 내렸습니다. 유난히 변덕이 심한 가을 날씨입니다. 결핵과 독감 등 감염병 환자도 증가하고 있다고 합니다. 건강관리와 함께 학생들의 안전과 건강에도 각별히 관심을 가져주시길 부탁드립니다.

가을이 무르익으면서 지난주 학내에서는 크고 작은 행사가 많이 열렸습니다.
우선 지난 주말 우리 대학 구성원들이 모처럼 일손을 내려놓고 야외에서 에너지를 충전하는 시간을 가졌습니다. 교수회는 지난 토요일 해운대수목원과 기장에서 가을야유회 행사를 개최했습니다. 수목원을 방문해 산책도 하고 함께 식사도 하며 모처럼 힐링하는 여유를 누렸습니다.

앞서 직원회도 금요일 저녁 명지 바베큐장을 빌려 잠시 업무를

내려놓고 고기도 굽고 단체 게임도 즐기면서 단합의 시간을 보냈습니다. 모임의 방식이나 분위기는 사뭇 달랐지만 함께 즐거운 시간을 보내는 모습을 보며 직장 동료들 간의 따뜻한 정이나 배려, 우리 대학의 가능성을 확인할 수 있는 자리였습니다.

다들 수고 많으셨고, 준비에 고생하신 교수회와 직원회 집행부 여러분에게 감사드립니다.

지난 3일에는 간호학과가 미래관에서 '제13회 나이팅게일 선서식' 행사를 가졌습니다.

참석한 180명의 2학년 학생들은 나이팅게일의 희생과 숭고한 정신을 본받고, 타인을 위해 사랑과 봉사로 헌신하는 전문의료인이 될 것을 다짐했습니다. 이 날 행사에는 부산광역시 간호사회

박남희 회장님과 병원 관계자 여러분, 학부모님과 가족 등 많은 분들이 축하를 해주는 뜻깊은 자리가 이어졌습니다. 저 역시 총장으로서 힘든 과정을 거쳐 예비간호사로서 첫발을 내딛는 학생들을 보니 가슴이 벅차올랐습니다. 선서식에 참가했던 학생들 모두 진심으로 축하합니다.

또 제자들이 봉사의 열정을 가슴에 새길 수 있도록 가르치고, 또 이날 행사까지 준비해 주신 학과 교수님들 정말 수고 많으셨습니다.

같은 날 건학50주년기념관 1층 로비에서는 로컬콘텐츠 중점대학사업의 하나인 '로컬창업 팝업스토어'가 열렸습니다. 저도 학생들이 정성스럽게 만든 제품도 구입하고 음식도 맛보았습니다만 반짝이는 아이디어와 솜씨가 보통이 아니어서 저도 모르게 지갑을 열게 되었습니다. 이러한 성과물을 통해 학생들이 창의적 사고를 기르고, 도전정신과 실무역량을 키울 수 있도록 꾸준한 관심과 지원을 확대하는 것이 필요하겠다는 생각을 했습니다. 참여해서 준비에 노고를 아끼지 않은 미디어영상과와 K뷰티학과, 호텔외식조리학과, 호텔제과제빵과 학생과 교수님들에게 큰 박수를 보냅니다.

지난 2일에는 '이경민포레'로 잘 알려진 ㈜포레, ㈜앙시와 인재 양성을 위한 산학협력가족회사 협약을 맺었습니다. 이경민포레는 뷰티샵, 헤어, 메이크업, 스킨케어 등 서비스를 제공하며 전국에 여러 지점을 갖고 있는 유명 뷰티브랜드입니다. 이번 협약이 우리 K뷰티학과 학생들의 취업 연계와 현장교육을 활성화해 실력과 열정을 갖춘 디자이너로 나아가는 디딤돌이 되길 기원합니다.
이제 11월로 접어들었습니다.
안팎으로 어려운 시기를 지나고 있지만 저는 항상 우리 KIT 가족들로부터 많은 힘을 얻습니다. 서로에게 격려가 되고 힘을 주는 한 주 되시길 기도드립니다.

감사합니다. (2023. 11. 7)

25. 숯의 길과 **다이아몬드의 길**

사랑하는 KIT 가족 여러분
지난 한 주 안녕하셨습니까.

지난 10일부터 2024학년도 수시 2차 원서접수가 시작되었습니다.

오는 24일까지 또 한 번 입시전쟁을 치르게 되었습니다. 어려운 상황 속에서 한 명의 학생이라도 더 우리 대학을 찾을 수 있도록 노력해 주시는 각 학과 교수님들, 그리고 곁에서 이를 물심양면으로 돕고 있는 직원 선생님들 정말 감사합니다. 여러분의 수고에 대해 최대한 예우해 드리고 자부심을 가질 수 있도록 총장으로서 어떤 심부름도 하겠다는 각오를 다져봅니다.

지난주에는 준오헤어에서 우리 대학 헤어디자인과 학생들을 위해 1,000만 원의 장학금을 기탁해 주셨습니다. 준오헤어는 이번뿐만 아니라 매년 1,000만 원 규모의 장학금을 출연해 주고 있는데요. 헤어디자인과는 준오헤어와 함께 취업 보장형 주문식 교육 별도반과 준오브랜드반, 경력인증 아카데미반 등 학생들의 실무역량 강화와 취업을 위한 다양한 프로그램을 운영하고 있습니다.

상호 협력의 관계가 꾸준히 지속되고 더욱 돈독해질 수 있도록 노력해 주시는 학과 교수님들 감사합니다.

또 10일에는 4시간여에 걸쳐 우리 대학 전체 직원 선생님들에 대한 직무연수가 있었습니다.

요즘 이슈가 되고 있는 ChatGPT에 대한 내용도 있었고, 기본적인 기안문 및 보고자료 작성법에 대한 내용도 있었습니다. 업무로 바쁜 와중에 교육을 받는다고 하면 번거롭고 귀찮게 여겨질 수도 있습니다만 재교육의 기회는 자기 충전을 위해 많으면 많을수록 좋다고 생각합니다. 앞으로도 우리 구성원들을 위해 좀 더 알찬 교육의 기회를 만들어 보겠습니다. 교육에 참석해 준 직원 선생님들, 그리고 준비에 힘써준 기획처, 일일강사 역을 맡아준 총괄부총장님에게 감사의 말씀 드립니다.

지난 7일에는 MBC PD수첩에서 '인구절벽' 시대를 맞는 대한민국 사회를 조망하면서 우리 대학의 유학생 유치 활동을 자세하게 취재해 방영했습니다. 사실 최근 유학생 유치를 위해 베트남 출장을 갔을 때에도 MBC PD가 동행 취재를 했었습니다. 우리 대학의 유치 활동이 비판적인 언론에 어떻게 비쳐질지 몰라 걱정도 되었습니다만, 제작진은 '기업과 함께 정주형유학생을 유치한다'는 우리 전략을 아주 좋게 보았다고 합니다. 프로그램에서는 다른 대학의 유학생 유치활동이라든지, 해결해야 할 문제점, 정부의 비자정책에 대한 제언 등 다각도로 취재가 되었습니다.

국내 거의 모든 대학이 유학생 유치에 사활을 걸고 있는 만큼

이해를 돕는 차원에서 시간이 되시면 유튜브를 통해 시청을 권합
니다.(https://www.youtube.com/watch?v=KOVoZ-Xlnp8)

오는 18일에는 '동서가족연합감사예배'가 열립니다. 3개 대학
구성원이 모처럼 한자리에 모여 2023년 한해를 되돌아보고 하나
님의 사랑과 은혜에 감사를 드리는 소중한 행사입니다.

이에 앞서 17일 오후에는 기획처 주관으로 전체 교직원이 참석
한 가운데 정책설명회가 있을 예정입니다. 현재 우리 대학이 놓인
상황을 투명하게 설명드리고 극복방안을 공유하기 위해 만든 자
리입니다. 11월에는 유독 행사가 많아 바쁘실 텐데요. 그래도 이
두 행사에는 꼭 참석해 주시길 당부드립니다.

이번 주에는 '2024학년도 대입 수능일'도 포함되어 있습니다. 혹 우리 교직원 가운데에도 수험생 가족이 있으시다면 긴 시간 흘린 땀방울이 헛되지 않고 빛나는 결실로 되돌려지기를 간절히 바랍니다.

숯과 다이아몬드는 '탄소'라는 원소로 이루어져 있습니다. 하지만 이 똑같은 원소에서 하나는 다이아몬드가 되고, 하나는 검은 숯이 됩니다.

어느 누구에게나 똑같이 주어지는 시간이라는 원소, 그 원소의 씨앗은 누구에게나 주어지지만 그것을 값진 보석으로 만드느냐, 숯으로 만드느냐는 자신의 선택에 달려 있을 겁니다.

이 간단한 진리는 이틀 후 수능에 나서는 수험생뿐 아니라, 현재를 살고 있는 우리 모두에게 적용되는 말인 것 같습니다. 주어진 시간을 소중하게 빚어내는 한 주 되시길 기도드립니다.

감사합니다. (2023. 11. 14)

26. '동서가족연합감사예배'

사랑하는 KIT 가족 여러분. 지난 한 주도 평안하셨는지요.

입동이 지나기 무섭게 주말부터 기온이 뚝뚝 떨어집니다. 지난 토요일에는 첫눈도 내렸습니다. 찬바람에 옷깃을 여미는 계절이 돌아왔습니다. 겨울로 접어들고 있지만 경남정보대학교라는 자전거는 지난주에도 여전히 힘차게 페달을 밟으며 달렸습니다.

우선 지난 토요일 우리 동서학원 가족이 한 해를 마무리하며 모두 참여하는 '동서가족연합감사예배'가 열렸습니다. 모처럼 교회에서 만나는 얼굴도 반가웠고, 가족과 함께 참석한 교직원들의 모습도 보여 고마웠습니다. 많은 분들이 참석해 주셨습니다.

특히 3개 대학과 대학교회, 부속유치원의 한 해 활동을 영상으로 확인하면서 "우리 동서학원이 올해도 어려운 상황속에서 참 많은 축복을 받았구나"라는 생각이 들어 가슴 뿌듯했습니다. 김해교회 조의환 담임목사님의 설교도 참 좋았습니다. 설교 주제였던 '범사에 감사하라'는 데살로니가전서 5장 18절의 말씀, 그리고 '가장 작은 것에 감사할 수 있는 사람만이 큰 것을 이룰 수 있다'는 말씀은 우리가 한 번쯤 되새겨보아야 할 내용이 아니었나 생각합니다.

　참석해 준 교직원 여러분, 그리고 이날 새벽 첫눈에 대학로 주
변을 정리해 준 사무처 직원 선생님들 모두에게 특별히 감사드립
니다.

　일요일에는 반려동물케어과 주최로 민석광장에서 '펫헬스페스
티벌'이 열렸습니다.
　이날 행사에서는 전국 최초로 교직원과 학생, 반려동물이 함께
하는 동물을 매개로 한 치료 봉사단체인 'PET STAR' 반려인봉사
팀 창단식을 가졌습니다. 'PET STAR'는 앞으로 반려동물과 함께
우리 사회에 소외된 분들의 든든한 친구가 되어줄 것으로 기대합
니다. 또 이날 행사에는 우리 대학 산학협력기업인 '바이오리브'
의 후원으로 반려동물을 위한 건강검진도 해주었습니다. 동물행
동상담과 동물피트니스 체험프로그램, 훈련시범 등 다양한 행사

가 열렸습니다. 제법 쌀쌀한 날씨였는데도 불구하고 많은 분들이 자신의 반려동물과 함께 참여해 즐거운 시간을 보냈습니다. 반려 동물 인구 1,500만명 시대를 접어드는 시기에 우리 대학도 반려 동물케어과를 중심으로 관련 인재 양성에 적극 나서야 할 시기인 것 같습니다. 행사 준비와 진행에 애써주신 반려동물케어과 교수 님들, 그리고 산학협력단 직원 선생님들 수고 많으셨습니다.

17일에는 신산업특화사업단이 성남 더블트리 바이 힐튼 판교에 서 대림대학교, 오산대학교, 조선이공대학교와 함께 '차세대 반도 체 분야 인재양성 공유·협업을 위한 4개 대학 업무 협약'을 체결했 습니다. 같은 시각 민석기념관에서는 한국폴리텍대학 부산캠퍼스 와 '인재 양성 및 학술교류 활성화를 위한 업무 협약'을 맺었습니 다. 오후에는 IT빌딩에서 K뷰티학과 주최로 '지산학 협업 ICC 기술세미나'를 개최했습니다.

외부 환경이 녹록지 않다고들 하지만 우리 대학은 이처럼 항상 활기가 넘치는 가운데 앞으로 나아가고 있습니다. 지난 17일 있었던 정책설명회도 우리가 현재 어려운 상황이라는 것을 알리기 위함이 아니라 어려운 상황을 극복하기 위해 다양한 노력을 하고 있다는 점을 설명하기 위해서였습니다. 무엇보다 구성원들이 이러한 상황과 대책을 공유하고 함께 힘을 모으는 것이 중요하다고 생각하기 때문입니다.

이날 발표된 정책 중에는 다소 불편한 내용도 있을 수 있고, 부담스러운 숙제도 있을 수 있습니다. 하지만 이러한 걱정과 부담감은 좀 내려놓고 총장과 본부를 믿어주셨으면 합니다. 부산의 모든 대학들이 존폐에 몰리더라도 우리 대학은 당당히 살아남을 수 있도록 총장인 저부터 최선을 다하겠습니다.

이번 주도 우리 KIT 가족 모두 건강하고 복된 시간 되시길 기도드립니다.

감사합니다. (2023. 11. 21)

27. 입시 경쟁률보다
합격자 등록율에 집중합시다

사랑하는 KIT 가족 여러분.

어느덧 11월도 한 주 마지막 주로 접어들었습니다. 지난 한 주는 평안하셨는지요.

지난 금요일 수시 2차 모집 원서접수가 마감되었습니다. 우리 대학은 251명 모집에 4.178명이 지원해 16.6대1의 경쟁률을 기록했습니다. 원서 마감 마지막 순간까지 최선을 다해주신 교직원 여러분과 입시관리처에 감사드립니다.

이제는 경쟁률보다는 지원자들을 어떻게 등록으로 이어지게 하느냐가 더욱 중요해졌습니다.

주변의 모든 대학들이 지원자 관리에 총력을 기울이고 있는 상황입니다.

아울러 성인학습자들을 모집 학과에서는 지원자를 발굴하고 모으는데에도 주력해야겠습니다.

학과 교수님들, 귀찮고 고단한 일이지만 입시는 대학과 학과의 지속가능한 경영을 위한 당면 과제인만큼 계속해서 관심과 수고를 기울여주실 것을 당부드립니다.

2024학년도 신입생 수시2차 모집 계열/학과별 지원현황

최종마감 (단위:명,%)

NO	계열/학과	입학정원	정원내 전형			정원외전형	계
			모집인원	지원인원	경쟁률	지원인원	지원인원
1	전자공학과	35	10	68	6.8	0	68
2	화공에너지공학과	60	4	67	16.8	1	68
3	기계과	80	4	103	25.8	1	104
4	컴퓨터학과	45	5	54	10.8	1	55
5	전기수소자동차과	45	6	68	11.3	0	68
6	전기과	80	6	98	16.3	3	101
7	소방안전관리과	50	6	93	15.5	0	93
8	반도체과	30	1	12	12.0	0	12
9	클라우드시스템학과	20	3	10	3.3	0	10
10	토목환경과	20	4	30	7.5	12	42
11	건축디자인과	25	2	52	26.0	0	52
12	환경조경디자인과	30	4	29	7.3	13	42
13	인테리어디자인과	40	2	78	39.0	0	78
14	시각디자인학과	50	2	58	29.0	4	62
15	미디어영상과	50	5	91	18.2	18	109
16	스포츠재활트레이닝과	70	4	154	38.5	7	161
17	물리치료과	40	6	517	86.2	132	649
18	치위생과	79	19	223	11.7	19	242
19	보건의료행정과	65	6	110	18.3	7	117
20	작업치료과	58	4	134	33.5	20	154
21	간호학과	123	24	679	28.3	192	871
22	임상병리과	60	5	242	48.4	24	266
23	경영학과	47	2	77	38.5	13	90
24	유아교육과	50	4	66	16.5	1	67
25	사회복지학과	140	29	259	8.9	104	363
26	경찰경호행정과	37	5	80	16.0	0	80
27	군사학과	25	2	17	8.5	0	17
28	호텔관광과	45	5	70	14.0	4	74
29	호텔외식조리학과	100	4	93	23.3	11	104
30	호텔제과제빵과	50	5	116	23.2	1	117
31	신발패션과	30	3	22	7.3	3	25
32	헤어디자인과	60	3	73	24.3	2	75
33	K뷰티학과	90	44	133	3.0	47	180
34	뷰티아트바이저과	20	2	25	12.5	0	25
35	반려동물라이프케어과	60	8	98	12.3	2	100
36	뷰티헬스과	40	1	46	46.0	40	86
37	부동산비즈니스과	30	18	18	1.0	10	28
38	디지털문예창작과	30	1	15	15.0	18	33
	계	2,009	251	4,178	16.6	710	4,888

지난 주와 지지난 주는 반려문화 정착을 위해 우리 대학이 많은 노력을 기울인 기간이었던 것 같습니다. 지난 19일 '펫헬스페스티벌'을 개최한데 이어 지난 23일에는 동명대를 방문해 '반려동물산업 전문인력 양성을 위한 업무협약'을 맺었습니다. 아시다시피 동명대는 반려동물단과대학을 신설해 반려동물보건학과, 애견미용행동교정학과, 반려동물산업학부(펫푸드 전공, 반려동물산업디자인 전공)를 개설해놓았습니다.

또 경상국립대의 협력으로 대학 부지 내 동물병원 건립도 진행하는 등 반려동물 학부를 전략적으로 육성하고 있습니다. 이번 협정을 계기로 우리대학과 지역특화형 반려동물 전문인력 양성과 반려동물 산업 육성을 선도하는 공유대학 모델을 만들겠습니다.

24일에는 동물보건사 인증평가 현장방문 평가도 있었습니다.

학과와 기획처를 중심으로 만반의 준비를 한만큼 좋은 결과가 있으리라 기대해봅니다.

24일에는 '슈즈창작아이디어 공모전 시상식'도 있었습니다.

부산시와 우리 대학이 함께 신발디자인산업 경쟁력 강화를 위해 전국 고교생과 대학생을 대상으로 주최하는 행사인데 벌써 14회째를 맞았습니다. 대상을 받은 한국조형예술고등학교 강다영 학생을 비롯한 29명의 수상 학생들, 그리고 행사를 준비해준 신발패션과 교수님들께 진심으로 축하와 감사의 말씀드립니다.

어제는 우리대학 지역봉사 일환으로 고등직업교육거점지구사업(HiVE)을 사상구청과 함께 학장동 정남경로당을 리모델링해 개소식을 가졌습니다. 올해 초 일신경로당에 이어 두 번째 진행된 지역기여 사업입니다. 정남경로당은 1998년 지어져 노후 정도가 심했었는데요. 거실, 부엌, 현관 등을 보수하고 화장실도 재시공하는 등 새 단장을 마쳤습니다. 개소식에는 우리 장제원 국회의원께서 함께 히셔서 기뻐하시는 어르신들 모습을 함께 보니 저도 덩달아 가슴 뿌듯해졌습니다. 올 겨울은 말끔하게 개선된 시설에서 보다 따뜻하게 보내시길 바랍니다.

차가운 날씨에도 불구하고 유학생들의 적응을 돕는 다양한 프

로그램도 열렸습니다.

23일 한국어학당 4기 유학생 35명은 감천문화마을과 송도, 영도 등지를 돌며 '부산시티투어' 행사를 가졌습니다. 부산출입국·외국인청 조사팀장을 초청해 '한국법령의 이해'라는 주제로 특강도 개최했습니다.

치위생과는 20일부터 네 차례에 걸쳐 유학생 대상으로 '치위생과 구강건강법과 스케일링' 행사를, 평생교육원에서는 BLS교육도 실시했습니다.

유학생들에게 너무 유난을 떤다고 생각하실 수도 있겠습니다. 하지만 유학생들이 우리 대학에 적응해서 어엿한 구성원으로 성장하고, 졸업 후에는 지역에 뿌리를 내릴 수 있도록 하는 것은 우리 대학을 위해서 뿐 아니라 대한민국 사회가 겪고 있는 인구절벽, 지역 소멸의 위기를 극복하는 최선책이라고 생각합니다.

한 해를 마무리하는 시기가 되다 보니 매주 학내외 행사가 참

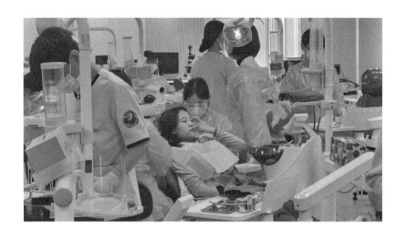

많습니다. 저는 내일 또 유학생 유치를 위해 3박 5일 일정으로 인도네시아를 방문합니다. 다녀와서 결과를 상세히 말씀드리고 공유하도록 하겠습니다. 남은 11월 한 주, 건강하게 마무리 잘하시길 기도드립니다.

감사합니다. (2023. 11. 28)

28. 장성민 동서학원 설립자의
건학이념을 이어가겠습니다

사랑하는 KIT 가족 여러분.
지난 한 주 동안 안녕하셨습니까.

이제 완연한 겨울 날씨입니다. 주변에 감기 환자가 많이 보입니다. 모두 건강 유의하시기 바랍니다.

지난 주일 오후에는 장성만 설립자님 8주기를 맞아 추모 예배가 대학교회에서 있었습니다. 설립자님이 우리 곁을 떠나신 지도 벌써 8년이 지났습니다. 하지만 설립자님이 학계와 기독교계, 정계에 새겨놓으신 발자취는 지금도 더욱 또렷이 우리 기억에 남아 있습니다. 대학교회에서 힘찬 목소리로 설교하시던 모습도 눈에 선합니다.

장제국 총장님은 이날 가족 대표로 단상에 올라 생전의 설립자님을 '믿음의 사람'이었다고 회고하셨습니다.
설립자님은 기독교 신앙 안에서 기술 인재를 길러내겠다는 꿈을 이루기 위해 '성경과 보습을 들고'라는 슬로건을 내세우며 맨손으로 아무것도 없는 땅에 학교를 짓기 시작하셨습니다.

그의 비전은 부산 최초의 2년제 전문대학과 4년제 공과대학교라는 결실이 되었고 오늘날의 경남정보대학교(1965년 개교), 동서대학교(1992년 개교), 부산디지털대학교(2001년 개교)로 이어지고 있습니다.

이것이 가능했던 것은 "주님이 허락하신 능력 안에서 모든 것을 할 수 있다"라는 확고한 믿음이 있었기 때문입니다.

뿐만 아니라 설립자님은 인연 하나하나를 소중히 여기셨고, 보잘것없어 보이는 것을 남다른 눈으로 바라보셨습니다. '작은 것도 큰 것이 될 수 있다'는 신념으로 가치를 판단하셨습니다.

저 역시 설립자님과는 대학을 다니던 시절의 작은 인연으로 시작되었습니다.

저는 설립자님의 강연에 참석했었습니다. 당시 설립자님은 청중의 한 사람에 불과했던 저의 이야기를 끝까지 들어주시고 격려해 주셨던 기억이 있습니다.

이 때부터 설립자님과 저는 43년 동안 스승과 제자로서 인연을 이어갈 수 있었습니다. 지금 제 삶을 이루는 좋은 습관과 인간관계를 맺는 법, 가족과 주변 이들을 아끼는 법, 신앙심, 일을 대하는 자세 등은 모두 설립자님으로부터 배운 것입니다.

설립자님은 생전 자신이 어떠한 업석을 남긴 인물로 기억되기보다는 후학들에게 따뜻하게 조언하는 '삶의 멘토'로 남기를 바라셨습니다. 이것이 당신께서 삶을 살아가는 방식이자 근본이셨습니다. 이제 설립자님이 우리 곁을 떠나신 지 8년이 지났지만 그 숭

고한 뜻과 건학이념은 우리 대학 구석구석에서 면면히 살아 숨 쉬
고 있으며 계승되고 있습니다.

　우리는 지금 전례 없는 어려운 시기를 겪고 있습니다. 하지만
설립자님 삶의 근본이었던 "내게 능력 주시는 자 안에서 내가 모
든 것을 할 수 있느니라"(빌립보서 4장 13절)라는 믿음의 말씀을
되새기며 나아간다면 어떤 어려움에도 굴복하지 않을 수 있을 것
입니다.

　추모예배에는 많은 분들이 참석해서 설립자님과 함께했던 시간
들을 되새겼습니다. 김대영 목사님의 설교와 시온성가대의 성가
등 예배를 준비해 준 많은 손길들의 정성도 함께 느껴지는 따뜻한
시간이었습니다. 총학생회 차기 집행부 학생들도 4일 오전 민석동

산에 올라 추모예배를 드렸습니다.

모두에게 감사드립니다.

저는 지난주 말씀드린 대로 11월 29일~12월 3일까지 유학생 유치를 위해 인도네시아를 방문하고 돌아왔습니다. 사실 이번 방문은 대우건설 정원주 회장 초청으로 이루어졌습니다.

29일 자카르타 현지에서 정 회장을 만나 우리 대학이 유학생들의 교육을 담당하고 대우건설이 인도네시아 또는 한국에서의 취업까지 책임지는 프로그램을 함께 추진하기로 했습니다. 한국어와 전공 교육은 우리 대학에서, 취업은 인도네시아와 한국에서의 산업인력과 고급인력 등 투트랙으로 진행하려고 합니다.

또 30일에는 '인도네시아 국가영화제작사(PFN)'를 방문하여 학생교환 및 인턴십 프로그램 운영, 한국어 프로그램 운영, 문화와 영화교류 등을 주요 내용으로 한 협약을 맺었습니다. 오후에는 '인도네시아경찰청 외국어학교(SEBASA POLRI)'를 찾아 학생 교환 프로그램, 한국어·문화교류 및 한국 유학 협력 등 다양한 분야에서 협력해 나가기로 했습니다.

1일과 2일에는 'President Senior High School'과 'President University & Foundation President'도 방문해 유학생 유치와 교환학생 프로그램을 협의했습니다.

인도네시아는 2억7000만의 세계 인구 4위 국가입니다. 특히 20대 인구가 가장 많은 국가 중의 하나여서 이들에 대한 교육과 취업, 유학에 대한 수요가 클 것으로 기대하고 있습니다.

제가 귀국한 3일 아침 김해공항의 TV모니터 화면에서는 '내년 초1 입학생 사상 처음 '40만 명' 붕괴할 듯…30만 명 추락 시간문제'라는 뉴스가 보도되고 있었습니다.

한 국가의 출산율을 단기간에 올린다는 것은 거의 불가능합니다. 이러한 상황에서 유학생 유치와 이민정책의 전환은 이제 우리 대학뿐 아니라 국가적인 당면 과제가 되고 있습니다.

마지막 골든타임을 놓치지 않도록 최대한 발 빠르게 움직이려고 노력하고 있습니다.

내년에는 스리랑카, 말레이시아, 네팔, 남미, 유럽 등 유학생 유치국가를 계속 확대해 나가겠습니다. 우리 KIT 가족 여러분의 많은 응원과 협조 부탁드립니다.

지난 토요일에는 제4회 창의융합포럼(CCF)이 센텀캠퍼스 컨벤션홀에서 열렸습니다.

지난 2020년부터 디자인 분야의 유명 패널들을 초청해 학생들의 글로벌 마인드를 향상시키고 시민들에게 수도권에 집중된 정보를 부산에서 접할 수 있게 하는 매개체의 역할로 CCF를 만들어 그동안 성황리에 진행했습니다. 코로나팬데믹으로 어려움도 겪었습니다만 교육부나 지자체에서도 대학이 지역사회를 대상으로 주최하는 행사 가운데 성공적인 사례로 평가하고 있습니다.

이번 CCF는 '디자인으로 승부하라'를 주제로 대한민국 디자인 스튜디오를 주도하는 최고의 크리에이터들을 초청했습니다. 참가를 원하는 시민들을 대상으로 온라인 신청을 받았는데 사흘 만에 준비한 250석이 마감되는 등 관심도가 높았고 행사 당일 현장 분위기도 아주 좋았다고 합니다. 내년에는 외부 기관과 함께해 행사의 규모를 더욱 키워 지역사회에 대한 대학의 기여 사업으로 모범 사례를 만들어보려고 합니다.

아직도 해야 할 일이 많이 남은 것 같은데 벌써 2023년도 막바지입니다. 달력도 딱 한 장 남았습니다. 이맘때쯤이면 잘하고 행복했던 순간보다는 실수하고 힘들었던 기억을 더 많이 떠올리기도 하는데요. 이럴 때일수록 좀 더 마음의 여유를 가지시고 알차게 한해를 정리하시기 바랍니다.

감사합니다. (2023. 12. 5)

29. 2023년 전문대학 혁신지원사업 성과전시회 개최

사랑하는 KIT 가족 여러분.
지난 한 주 안녕하셨는지요.

2023년 계묘년을 보내며 여러분에게 한 해의 마지막으로 글을 드리는 날입니다.

지난 목요일(12월 7일)에는 '2023년 전문대학 혁신지원사업 성과전시회'가 열렸습니다.

이번 행사는 미래관과 건학 50주년기념관에서 학술제 및 작품전과 함께 비교과프로그램, 캡스톤디자인 등 교육 성과를 전시하고 공유하는 행사로 3일 동안 진행됐습니다. 같은 기간 '지역사회 및 대학의 상생 협력을 위한 인재 양성과 RISE 체계 기반 지역인재 양성을 위한 혁신 방향'을 주제로 한 'KIT 인력양성포럼'도 함께 개최되었습니다. 구성원들이 힘을 합쳐 혁신지원사업에서 훌륭한 성과를 거둬 준 것에 대해 감사한 마음 뿐입니다. 특히 행사를 준비해 준 혁신지원사업단도 고생 많이 하셨습니다.

2023년은 정말 어느 해보다 숨 가쁘게 달려온 것 같습니다.
우선 여러분이 열심히 도와준 덕분에 683억 원이라는 유례없는

액수의 정부 사업을 유치할 수 있었습니다. 다른 어느 대학에서 찾아볼 수 없는 많은 액수입니다. 이 국가사업비는 고스란히 교육환경 개선과 장학금, 다양한 교육프로그램들을 통해 학생들에게 풍성하게 되돌려줄 수 있었습니다. 올 겨울방학에도 호텔제과제빵과를 비롯한 학과들의 실습실 구축과 개보수, 센텀캠퍼스 4층 자율학습 라운지 구축 등 학생들의 교육환경을 위한 공사도 진행될 예정입니다. 공사가 끝나면 내년부터는 우리 학생들이 보다 더 쾌적한 환경에서 공부하고 쉴 수 있을 것이라고 생각합니다.

우리 대학의 이같은 성과는 '2023 국가산업대상' 인재부문에서 수상을 함으로써 그 가치를 널리 알릴 수 있었습니다. 1965년 개교 이래 58년 동안 13만 명이 넘는 졸업생들을 중견기술인으로 배출해 온 전통은 오늘날에도 고스란히 이어져 외부에서도 빛을 발하고 있다고 생각합니다. 앞으로도 우리 구성원들의 노력이 대학 밖에서도 오롯이 평가를 받을 수 있도록 총장으로서 더욱 노력하겠습니다.

또 올 한해는 학령인구 절벽 속에서 유학생과 성인학습자 유치를 통해 위기를 극복하려 피나는 노력을 기울였습니다. 교육국제화역량 인증대학이 되지 못하는 상황에서도 백방으로 학생 모집에 나선 결과 현재 140명의 해외유학생이 우리 대학을 다니고 있고, 올해 말 베트남에서 20명의 유학생이 추가로 입학할 예정입니다. 내년 하반기 인증대학이 되고, 좀 더 노력을 기울인다면 지금보다는 유학생의 규모를 양적으로나 질적으로 크게 확대할 수 있을 것이라 생각합니다.

평생교육원도 평생교육지원처로 승격하고, 성인학습자들을 적극적으로 유치한 한 해였습니다.

성인융합학과 3개 학과를 신규 개설하고, 모든 학과가 성인학습자를 유치하는 데 힘을 모으고 있습니다. 50+생애재설계대학 사업에도 선정돼 다양한 프로그램을 진행함으로써 평생교육기관으로서의 위상을 다지기도 했습니다.

매번 말씀드렸지만 지금의 추세라면 출산율 상승을 통해 인구를 유지한다는 것은 이제 거의 불가능한 상황입니다. 대학의 입장에서 순수 학령기 국내 학생으로 정원을 채운다는 것도 꿈같은 얘기가 되고 말 것입니다. 유치 과정에서 많은 어려움도 있을 것이고 여러분의 도움을 구해야 할 일도 많아질 것 같습니다. 적극적인 협조와 참여를 당부드립니다.

　대한민국의 모든 대학들이 최근의 난국을 헤쳐나가기 위해 애쓰고 있지만 현재 대학을 둘러싼 어려운 상황을 감안한다면 기존의 틀, 기존의 사고만을 고수한다면 살아남기 힘들 것입니다. 우리 역시 전국의 전문대 가운데 넘버원임을 자부하지만 잠시라도 안주한다면 그동안 쌓아 올린 58년의 장구한 역사도 무너질지 모릅니다. 과감한 변화를 주어야겠습니다. 새로운 것을 생각하고 창출하는 혁신을 통해 우리 대학을 한 단계 더 높은 곳에 올려놓고, 우리 역시 최고의 일터에서 일하는 자부심을 가질 수 있도록 해야겠습니다.

　특히 학생들의 입시나 취업은 대학의 근간입니다. 강의와 학생 지도 등으로 학과 교수님들 연말도 잊은 채 바쁘시겠지만 한 번 더 입시와 취업 돌아봐 주시길 간곡히 부탁드립니다.

　이제 2023년 얼마 남지 않았습니다. 다음 주 기말고사가 마무리되면 열흘 정도 남겠네요.

　여러분 모두 얼마 남지 않은 2023년 힘들고 나빴던 것들은 훌훌 털어버리고, 좋은 것만 기억하는 한 해가 되었으면 합니다. 연말 연시 가족과 함께 즐겁고 건강하게 보내시고 새해에도 학생들에게 사랑을 듬뿍 주고, 듬뿍 받으며 서로 정을 나누는 KIT 가족이 되어주시길 간절히 기원합니다.

행복한 성탄절과 대망의 2024년 맞이하시길 기도드립니다.
한 해 동안 정말 수고 많으셨고 정말 감사합니다.
메리크리스마스 새해 복 많이 받으십시오.

감사합니다. (2023. 12. 12)

2부

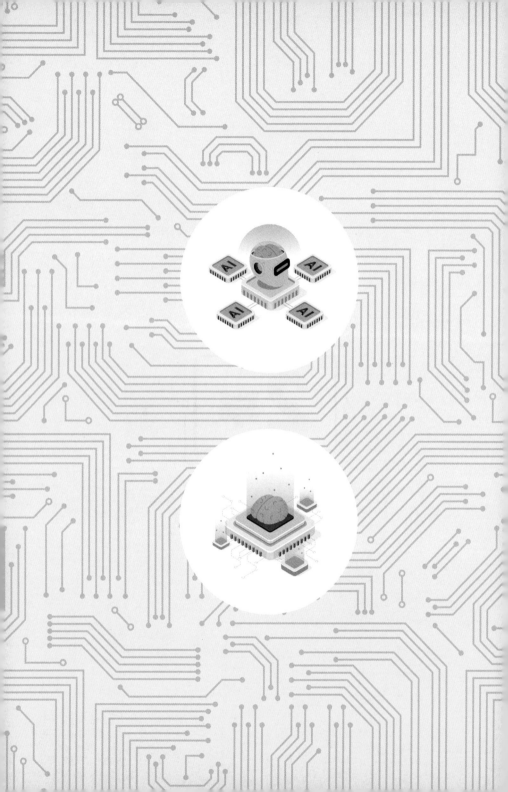

1. 담쟁이 같은 우리

총장 취임식을 마치고, 모든 학과 교수님들과의 미팅, 직원 선생님들과의 대화 그리고 학사일정을 챙기다 보니 하루하루가 어떻게 지나갔는지 모르게 벌써 3월을 맞이하였습니다.

그동안 교수님들과 직원 선생님들 한 분 한 분 만나면서 격려의 말씀도 듣고, 많은 조언도 받았습니다. 정말 감사합니다. 오늘부터 제가 취임하면서 여러분께 약속한 구성원과의 대화 시간인 '투톡 데이(Tuesday's talk)'를 시작합니다. 학과별 부서별 일정을 잡아 연락드리도록 하겠습니다.

허심탄하게 좋은 의견 주시면, 학교 경영에 적극적으로 반영하겠습니다.

교수님들 그리고 직원 선생님들,

2022학년도 1학기가 시작되었습니다. 2,713명의 신입생들이 새 식구로 들어왔습니다. 그간 입시에 최선을 다해주신 교수님과 직원 선생님, 그리고 입시관리처에 깊이 감사드립니다.

오미크론의 창궐로 자칫 학사일정이 계획대로 잘 진행되지 않을 수도 있을 것 같아 우려와 걱정이 앞섭니다. 신입생을 비롯한 우리 대학 재학생들에게 부모의 마음으로 따뜻하게 다가서 주시길 간곡히 부탁드립니다.

우리 학생들도 등교하면서 '간호학과 9년 연속 국가고시 100% 합격', '유아교육과 5주기 교원양성기관 역량진단 A등급 획득'이라는 현수막을 보며 자신들의 대학 선택이 옳았다는 확신을 가질 것 같습니다.

지금 우리 대학은 중장기발전계획 수립을 비롯해 혁신지원사업, LINC3.0 등 정부재정지원사업을 준비하고 있습니다. 휴일도 반납하고 눈물겨운 사투로 사업계획서를 작성하는 TFT팀 교수님과 직원 선생님들께 진심으로 감사드립니다. 우리 대학 모든 구성원이 한 마음으로 감사와 격려의 박수를 보내주시길 바랍니다.
담쟁이
도종환

저것은 벽/어쩔 수 없는 벽이라고 우리가 느낄 때/그때/담쟁이는 말없이 그 벽을 오른다./물 한 방울 없고 씨앗 한 톨 살아남을 수 없는/저것은 절망의 벽이라고 말할 때/담쟁이는 서두르지 않고 앞으로 나아간다./
한 뼘이라도 꼭 여럿이 함께 손을 잡고 올라간다./푸르게 절망

을 다 덮을 때까지/바로 그 절망을 다잡고 놓지 않는다./저것은
넘을 수 없는 벽이라고 고개를 떨구고 있을 때/담쟁이 잎 하나는
담쟁이 잎 수천 개를 이끌고/결국 그 벽을 넘는다.

　지금 우리의 상황이 꼭 담쟁이 같습니다.
　어떠한 어려운 환경에서도 담쟁이처럼 우리는 함께 그 벽을 넘
을 때 어려움을 극복하고 나아갈 수 있을 것입니다.
　힘찬 새 학기 되시길 응원하며 기도합니다. (2022. 3. 2)

2. KIT를 향한 사랑의 손길

　수업과 학사 업무로 개강 첫 주 다들 얼마나 분주하게 보내셨는지요.

　저는 개강 첫날 첫 업무를 정문에서 총학생회 간부, 대의원들과 함께 2022년 새내기와 재학생들을 맞이하는 '환영 인사회'로 시작하였습니다. 총학생회에서 준비한 마스크 등 방역용품이 담긴 간단한 선물을 전달하며 힘찬 새 학기를 응원하는 덕담과 격려를 건넸습니다. 기대와 설렘이 가득한 눈빛으로 교정을 오르는 학생들을 맞이하면서 순간 마음이 벅차올랐습니다. 그들이 무한한 잠재력을 세상 마음껏 펼칠 수 있도록 교육자로서 정말 최선을 다하겠다는 다짐을 굳게 하였습니다.

　내가 당신을 사랑하는 이유는
　당신을 생각만 해도 기분이 좋아지기 때문입니다.
　아무리 힘든 일이 생겨도 당신만 생각하면 저절로
　힘이 생겨나 이겨낼 수 있기 때문입니다.
　　　　　　　　　　　　　.........
　내가 당신을 사랑하는 이유는 아무런 이유가 없습니다.
　어떤 이유를 붙여도 당신을 사랑하는 진정한 의미를/다 표현해

낼 수 없기 때문입니다.

김은미 시인의 〈내가 당신을 사랑하는 이유〉라는 제목의 시입니다.

우리에게는 이 시에서 말하는 '당신'이란 우리들의 '제자'를 의미할 것입니다

어려운 시기에 우연처럼, 운명처럼, 필연처럼 우리에게 제자로 와준 아이들, 우리 교직원 모두는 무한한 사랑과 책임감으로 이들을 잘 교육하여 꼭 훌륭한 인재들로 양성해야겠습니다.

이날 행사를 준비해준 총학생회 간부들과 대의원들, 그리고 학생처에 다시한번 감사드립니다.

3일에는 LINC3.0 TF팀에서 그동안 휴일도 반납하며 불철주야 작성한 보고서를 제출하였습니다. 4월 중에 있을 실사도 잘 준비하여 꼭 좋은 성과를 얻을 수 있도록 우리 대학 구성원 모두 함께 응원하며 기도하여 주시길 부탁드립니다.

이 일을 위해 수고해주신 심재형 교무처장님, 임준우 산학협력단장님을 비롯한 교직원 여러분께 다시 한번 감사드립니다. 정말 수고 많으셨습니다.

최근 우리 대학의 후학 양성을 위해 주식회사 영남이엔지 박무열 사장님께서 3억 원을 약정하고, 우선 3,000만 원을 보내셨습니다. 또한 박경희 부산엑스포트클럽 회장 일행과 익명을 요구하신 선배 교수께서도 각각 1,000만 원을, 그 외 대전 고등검찰청장을 지내신 김강욱 검사장님과 많은 분들께서 발전기금을 기탁해

주셨습니다. 참으로 감사한 일입니다.

그리고 지난 금요일에는 AI컴퓨터학과 김용성 교수님의 부친상이 있어 박용수 기획부총장님과 함께 대구로 조문을 다녀왔습니다. 다시 한번 고인의 명복을 빌며 김교수님께 심심한 위로의 말씀을 전합니다.

사랑하는 KIT 가족 여러분,
코로나로 엄중한 시기임에도 불구하고 수업이 순조롭게 진행되고 있어 얼마나 다행인지요.

　기말까지 남은 시간도 새 학기의 이 마음으로 최선을 다해주시기를 부탁드립니다. 저부터 노력하겠습니다. 보람과 성취를 느끼는 힘찬 한 주가 되시길 기도드립니다. (2022. 3. 8)

3. 입시 1등, 취업 1등, 인성교육 1등 KIT

한 주간 얼마나 분주하게 보내셨는지요? 모처럼 단비가 내리고 난후, 아름다운 민석동산에 금방이라도 꽃망울이 터질 것 같은 봄의 향기가 물씬 풍기고 있습니다.

지난주 국민들의 지대한 관심 속에서 대통령 선거가 끝나고, 새로운 대통령이 선출되었습니다. 이제 갈등을 치유하고, 국민통합을 통해 우리 국민들이 하나가 되는 멋지고 희망찬 대한민국이 되었으면 참 좋겠습니다.

지난주부터 기업체 여러 곳을 방문하고, 학교 홍보차 KNN 방송과, 부산일보 국제신문 등 언론사를 순회하고 있습니다. 입시 1등, 취업 1등, 우리 학생들의 인성 등 다양한 얘기들을 나누었습니다. 한결같이 이구동성으로 우리 대학을 칭찬하고 격려하더군요.
인성교육은 우리 대학 건학이념인 기독교 정신과 채플을 통해 만들어진다고 자랑했지요.

문득 이런 글이 생각나더군요.

 미켈란젤로는 천장화를 그릴 때 무려 4년 동안이나 성당에 틀어박혀 그림에만 매달렸습니다.

 사람들의 출입까지 통제해가면서 말이지요. 어느 날 그는 고개를 뒤로 젖힌 채 불편한 자세로 천장의 한쪽 구석에 그림을 그리고 있었습니다.

 그런 그를 보면서 한 친구가 물었습니다.

 "잘 보이지도 않는 구석에 뭘 그렇게 정성을 들이나? 완벽하게 그렸는지 아닌지 누가 알기나 하겠어?"

 미켈란젤로는 이렇게 대답했습니다.

 "바로 내가 알지!"

 EBS 대한민국성공시대 편저(編著) ≪지구인 이야기≫ (온유, 240쪽) 중에 나오는 구절입니다.

그렇습니다. 아무도 모를 것 같지만 우리의 행동 하나하나를 내가 알고, 우리 학생들이 알고,

학부모들이 알고, 사회가 우리 대학을 지켜보고 있다는 것입니다.

사랑하는 KIT 가족 여러분,

올해 입시를 분석하고, 계획을 세우고 있습니다. 오늘부터 365일 입시 체제로 들어갑니다. 내년에 이어 2024년에는 전국적으로 52,000여 명의 입학자원이 부족한 학령인구 절벽 상황이 찾아옵니다. 이를 대비해 우리 대학 적정규모화 계획을 다양하게 검토하고 있다는 말씀을 드립니다.

우리에게는 위기에 더욱 빛나는 KIT 정신과 저력이 있습니다. 할 수 있습니다. 학과 개편 및 맞춤식 교육, 만학도 교육, 기업체 주문식 교육 등 다양한 교육프로그램을 통해 입시 돌파구를 반드시 찾겠습니다.

취업도 마찬가지로 새로운 패러다임을 통해 접근하도록 하겠습니다. 올해 대기업 취업 500명 목표를 달성하기 위해 전국의 기업들을 순회하며 MOU도 체결하고 홍보도 적극적으로 하겠습니다.

오늘 오후, 정종철 교육부 차관께서 신학기를 맞이하여 격려차 우리 대학을 방문합니다. 캠퍼스를 둘러보고 학생들과도 만나 대

화를 나눌 예정입니다. 관심을 가지고 지켜봐 주시고 따뜻하게 환영해주시길 바랍니다.

새로운 한 주간 힘차고 행복한 하루하루 되시길 기도드립니다. (2022. 3. 15)

4. '직업교육 혁신지구 사업' 업무협약 체결

수업과 학사 업무로 얼마나 노고가 크십니까. 새학기가 시작되고 벌써 4주째를 맞았습니다. 오미크론의 기세가 꺾이지 않아 우리 학생들과 교직원 여러분들의 건강이 많이 걱정됩니다. 다들 조심조심하시고, 학사 일정에 만전을 기해주셨으면 합니다.

캠퍼스에도 봄이 성큼 다가와 벌써 목련꽃이 활짝 피어 우리를 반기고 있습니다. 가끔은 업무를 잠시 놓고, 아름다운 캠퍼스를 거닐며 잠시나마 삶의 여유를 찾는 것도 좋을 것 같습니다.

지난 16일 부산시교육청에서 직업계고 학생들의 선취업·후학습 기반 구축을 위해 지역대학 및 관련 기관 6곳과 '직업교육 혁신지구 사업' 업무협약을 체결했습니다. 전문대학에서는 우리 대학이 유일하게 참여하였습니다.

이날 협약식에는 저와 김석준 교육감, 이해우 동아대학교 총장, 김형균 부산테크노파크 원장, 진양현 부산경제진흥원장, 박주완 부산경영자총협회 부회장, 이태식 부산관광마이스진흥회 이사장 등이 참석했습니다.

이 사업은 직업계고 선취업·후학습 환경을 구축하여 지역 기반 직업교육 역량을 강화하고, 직업계고-지역기관(취업)-지역대학(심화학습·후학습)이 참여해 지역 전략 산업분야의 인재를 양성하는 직업교육 플랫폼을 구축하기 위함입니다.

이 협약에 따라 협약기관들은 직업교육 혁신지구 사업 대학 연계 위탁 프로그램 개발·운영, 선취업·후학습 지원을 위한 교육과정 운영, 참여 학생 취업기업 발굴 지원, 후학습 운영 및 활성화를 위해 상호 협력하기로 했습니다. 이렇게 되면, 우리 대학 입시는 물론 취업에도 많은 도움이 되리라 생각합니다.

이날 간담회에서는 MZ세대 학생들은 기성세대의 생각과는 아주 다른 길을 가고 있다는 의견들이 많았습니다. 그래서 관심과 애정을 가지고 그들을 지켜봐야 하고, 대화를 통해 한 사람 한 사람 그들만의 달란트를 발견하는 것이 매우 중요하다는 얘기들이 었습니다.
우리가 진심을 가지고 학생들의 편에 서서 학생 상담을 해야 하는 이유입니다.

우리는 인생을 살아가면서 누구를 만나느냐에 따라 인생의 항로가 완전히 바뀔 수 있다는 것을 항상 생각해야 할 것입니다. 이런 얘기가 있습니다.
"한 아이가 있었다. 그 아이의 실제 아이큐는 173인데, 교사의 실수로 아이큐 73으로 잘못 알려진 아이였다. (중략) 그의 자신감

은 바닥을 쳤다. 17년이 지나서 자신의 진짜 아이큐가 173인 것을 알게 되었다. 너무 늦었지만 그제야 그는 비로소 자신감을 회복하게 되었고, 아이큐 150 이상의 천재들만 가입한다는 국제멘사협회의 회장 자리에 올랐다. 빅터 세리브리아코프 회장의 실제 이야기다"

고도원 저(著)《혼이 담긴 시선으로》(꿈꾸는 책방, 131쪽) 중에 나오는 구절입니다.

교사의 실수로 한 아이의 인생이 잘못될 수도 있다는 것을 지적하는 교훈입니다. 그렇습니다.

아무리 시대가 변했다고 하더라도 우리는 여전히 학생들에게 선한 영향력을 행사할 수 있는 사람들입니다.

지난 18일에는 'KIT 홍보단 발대식'이 있었습니다. 대학신문,

교내방송, 홍보영상물 제작 등을

　책임지고 있는 학생들과 SNS 파워 유저로서 우리 대학을 홍보
하는 서포터즈 학생들을 만났습니다. 참석한 학생들의 열정과 패
기가 참 보기 좋았습니다. 여기에는 일본인 유학생도 포함되어 있
습니다.

　사랑하는 우리 학생들과 함께 힘차고 보람된 한주가 되시길 기
도드립니다.

　오늘 저는 출장 관계로 부득이하게 교직원 채플에 참석하지 못
할 것 같습니다.

　축복과 은혜의 시간이 되시길 바랍니다. 고맙습니다.

　(2022. 3. 22)

5. KIT를 위한 세일즈 총장

한 주간 잘 지내셨습니까? 학사업무에, 수업에, 학생들 면담에, 또 새학기를 시작하면서 새롭게 추진되는 정책들에 협업하시느라 얼마나 노고가 크셨습니까? 고맙기도 하고, 무척이나 미안하기도 합니다.

벌써 학사일정도 1/4선이 지났습니다. 총장으로 취임하고 한 달이 지났을 뿐인데, 마치 몇 년이 지난 것처럼 바쁘게 돌아가고, 많은 일들이 있었던 3월이었습니다.

기업체를 찾아 호남으로 서울로, 대학 관계자를 만나러 교육부로, 홍보를 위해 신문사와 방송국으로, 또 대학 발전기금을 모금하러 이곳저곳을 다니면서 세일즈 총장직을 수행하고 있습니다.

바쁘게 뛰면서 느끼는 것은 기업과 대학을 포함한 사회 전체의 패러다임이 빠른 속도로 바뀌고 있다는 것입니다. 그래서 우리도 발상의 전환을 통해 입시정책도 바꾸고, 새로운 방식으로 대학의 틀도 깨야 한다고 생각합니다.

이런 의미의 하나로, 클라우드 학과를 신설할 예정입니다. 4차 산업혁명 시대에 꼭 필요한 교육과정을 마련해야 한다고 생각하기 때문입니다. 이 학과뿐만 아니라 우리 대학 모든 학과가 새로운 발상으로 마치 특허와도 같은 우리만의 교육과정을 만들어야 할 것입니다.

교수님들 그리고 직원 선생님들, 우리 학생들 세대를 상징하는 MZ세대들은 과연 어떤 특성을 가지고 있을까요?

여기에 대해서 깊이 성찰하지 않은 체 그저 세대차이만을 논하고 있는 것은 아닐까요?

그들은 기성세대가 따라갈 수 없을 정도로 빠르게 진화하고 있습니다. 그런 그들과 함께 호흡하기 위해서는 우리 스스로가 고정관념을 많이 버려야 하지 않을까요? 요즘 군대도 MZ세대의 특성에 맞춰 오징어 게임을 적용한 자기주도 학습 방법으로 교육함으로써 몰입도를 높이고 있다고 합니다.

다르게 바라보고 See Different
다르게 생각하고 Think Different
다르게 행동하고 Act Different
다르게 살아가자 Live Different

이것은 MZ세대인 우리 학생들에게 해주고 싶은 말인 동시에 그들과 함께 많은 시간을 보내고 있는 우리 대학 모든 구성원에게도 드리고 싶은 말입니다.

"클라우드학과 신설… 4차 산업혁명 맞춤교육, 위기를 기회 만들 것"

며칠 전, 우리 반도체과는 신입생들을 대상으로 기초역량 강화와 대학 적응력 향상을 위해 역량강화 캠프를 진행했습니다. 이 행사에서 주목해야 할 점은 SK하이닉스에 근무하고 있는 이정원 졸업생과 후배들과의 만남입니다. 올바른 대학 생활과 취업 경험담, 사회생활 노하우 등을 주제로 신입생들과 소통했다는 것입니다.

그렇습니다. 백번의 홍보보다 선배들이 후배들에게 들려주는 살아있는 교육이 필요합니다.

같은 세대들끼리는 서로 잘 통하는 법입니다. 미디어영상과를 비롯한 몇몇 학과가 준비하고 있는 걸로 알고 있습니다만, 이런 프로그램에 대해서는 본부에서 적극적으로 지원하고 응원하겠습니다.

  사랑하는 KIT 가족 여러분,

  누구나 꿈을 꾸지만, 모두가 꿈을 이룰 수는 없습니다. 꿈이 현실이 되기 위해서는 실행이 필요합니다. 장성만 설립자님께서는 꿈이라는 글에서 '꿈을 실현하기 위한 다섯 가지 조건'을 이야기하셨습니다.

  첫째, 꿈을 갖고 문제 해결에 도전하라.

  둘째, 꿈을 믿고 그 꿈을 실현시킬 수 있다는 자신을 가져라.

  셋째, 미래 예측과 중장기 전략이 있어야 한다.

  넷째, 창조적인 실천에 땀을 흘려야 한다.

  다섯째, 최고의 스피드로 실현해야 한다.

  장성만 설립자님께서는 꿈은 벽 뒤편에 있다고 하셨습니다. '벽'이라는 문제 해결 없이는 꿈을 실현할 수 없다고, 용기를 가진 자만이 벽을 무너뜨릴 수 있다며 도전하고 극복하라고 하셨습니다.

우리가 소망하는 크고 작은 꿈들을 가로막고 있는 크고 작은 벽들은 우리가 우리의 꿈을 얼마나 간절히 원하는지 시험하는 벽들입니다. 간절히 원한다면, 그 벽을 기어오르든지, 뛰어넘든지, 아니면 부수든지...

어떻게든 우리는 그 벽을 극복할 수 있을 것입니다.

힘찬 한 주 되시길 응원합니다. (2022. 3. 29)

6. '직업교육 혁신지구 사업' 업무협약

온 캠퍼스에 벚꽃이 만발하여 봄의 향기를 물씬 풍기고 있습니다.

코로나로 지치고, 학사업무에 노고가 크신 모든 분들께 위로와 감사를 드립니다.

요즘 대학본부는 정부재정지원사업을 준비하느라 바삐 움직이고 있습니다.

3월 들어와 전문대학 혁신지원사업으로 45억 원을 이미 확보했고, 향후 15억 원을 더해 총 60억 원을 예상하고 있습니다.

지금 심사 중인 LINC3.0 사업으로 6년간 총 120억 원을 기대하고 있습니다. 그리고 정부와 지자체, 대학이 함께 참여하는 고등직업교육거점지구 사업으로 매년 15억 원씩 3년간 총 45억 원을 확보하기 위해 노력하고 있습니다.

지난주 우리 대학은 산업통상자원부와 한국산업기술진흥원이 주관하는 '2022년 창의융합형 공학 인재양성 지원사업'에 선정되어 올해부터 6년간 총 9억 원의 정부지원금을 지원받습니다.

공과대학 스스로 공학교육 혁신을 위한 방향을 수립하고, 산업계 수요 및 대학 특성에 맞는 공학교육 프로그램을 개발·운영해 창의적 공학 인재 양성과 공학교육의 글로벌 경쟁력을 높일 수 있도록 지원하는 사업입니다.

우리 대학은 제조기술혁신교육(Innovation), 산학협력융합교육(Convergence), 혁신적공학기술교육(Engineering), 산학일체형 취·창업교육(Synergy) 등의 교육프로그램에 투자할 예정입니다.

또 대기업군과 실질적인 MOU를 체결하고 있습니다.
지난 3월 30일, 삼성중공업의 조선 설계를 전문으로 하는 기업 쏘테크와 업무협약을 맺었습니다. 이 회사는 해양 조선 설계 분야의 기술지원, 선박 구조 개발 등 조선업계 전반에서 활약 중인 기업입니다. 이번 협약을 통해 학생들의 현장실습은 물론 취업까지 이어질 수 있도록 최선을 다하겠습니다.

발전기금도 줄을 잇고 있습니다. 지난주에도 3개 업체가 우리 대학에 발전기금을 보내주셨습니다. 이 모든 것이 우리 KIT 가족 모두의 힘이고, 노력의 결과입니다.

문득 책을 읽다가 좋은 구절이 있어 소개합니다,

중세 유럽의 캘빈 경은 이렇게 말했다. "무거운 물체는 날 수 없다"

미국 특허청장 찰스 듀엘은 1899년 이렇게 말했다. "발명될 수
있는 모든 것은 이미 다 발명되었다" 오늘날 이들이 한 말은 잊힌
지 오래다.

이후경 저(著) ≪아프다 너무 아프다≫ (한스컨텐츠, 153쪽) 중
에 나오는 구절입니다.

미국의 로버트 풀턴이 허드슨강에 증기선을 띄웠을 때 이를 비
웃는 사람들은 저렇게 큰 배가 증기의 힘으로 움직이는 것은 불가
능하다고 했습니다. 증기선이 움직이자 이번에는 "저 배는 멈출
수가 없을 것이다"라고 했습니다. 이런 사람은 평생 부정적인 말
을 할 것입니다.

우리는 긍정의 힘을 믿어야 합니다. 올해 대기업군 500명 취업, 우리에게 기회가 오는 정부 사업 100% 확보 등을 목표로 우리 KIT 가족 모두가 지혜를 모으고 힘을 합한다면, 저는 모든 것이 이뤄지리라 확신합니다.

지난 주말 총학생회에서 주최한 세미나에 다녀왔습니다.

서상현 총학생회장과 박나율 부총학생회장을 비롯한 간부 59명이 참석해 열띤 토론회를 가졌고, 제가 '지도자의 길이란' 주제로 특강도 하였습니다. 학생들과 함께하는 행사는 늘 즐겁고 행복합니다. 그곳에서 저는 우리 학생들의 든든한 모습을 보았습니다.

참으로 좋은 계절입니다. 이번 한주도 보람 있고, 행복한 하루 하루가 되시길 기도드립니다.

(2022. 4. 5)

7. 학령인구 감소시대
선구자의 길을 걸어갑시다

최근 우리는 이런 말들을 많이 들어왔습니다.
"인구절벽에 서 있다. 대한민국의 미래가 불안하다"
"학령인구 절벽에 서 있다. 대학이 불안하다"

지금 우리는 대한민국의 인구구조가 과거 안정적인 형태에서 출산율 저하와 급속한 고령화로 인해 빠른 속도로 '방추형 인구구조'로 변하고 있다는 것을 실감하고 있습니다.

이러한 인구구조가 개선되지 않으면, 피부양인구를 책임져야 할 부양인구의 부담이 그만큼 늘어나 국민의 살림살이는 더욱 어려워지고, 복지국가의 로망은 한낮 꿈으로 끝날 수도 있을 것이라는 생각도 듭니다.

특히 학령인구의 감소는 대학의 구조조정으로 이어져 절반 이상의 대학들이 역사 속으로 사라질 거라는 우울한 전망이 자연스럽게 받아들여지는 요즘입니다.

교수님 그리고 직원 선생님,
우리가 절벽 위 낭떠러지에 서 있다고 생각하면 앞날이 암울하

여 삶의 의욕도 잃고, 희망도 잃고, 비전도 없이 남은 인생을 우울하게 살아갈 것입니다. 저는 이런 상황에서 낭떠러지만을 내려다보며 걱정만 하지 말고 한 번쯤 주위를 돌아보라고 권하고 싶습니다. 고개를 들면 광활한 평원이 보이고, 개척하고 일구어낼 수많은 보물들이 그곳에 펼쳐져 있음을 알게 될 것입니다.

또 누군가 선구자적 역할로 비전을 향한 길을 만들어 가고, 하나둘 그 길을 따라서 가는 사람이 생기면 그 길이 도로가 되고, 목표에 도달하는 가장 빠른 길이 될 것입니다. 그 선구자적 역할을 할 사람들이 우리 KIT 가족들이라 생각합니다.

　최근 타 대학들의 사례를 보면, 탈락률이 급증하고 있습니다. 우리 대학의 탈락률은 그에 비해 양호한 편이지만 그래도 우리 대학에 들어온 학생들을 한 명이라도 더 지키는 것은 우리가 주위를 둘러보며 얻을 수 있는 보물 중의 하나가 아닌가 생각합니다. 정말 힘들고 어렵지만 조금 더 노력하셔서 탈락률 재고에 힘써 주시길 간곡히 부탁드립니다.

　지난주는 부산은행 회장, 농협중앙회 회장, 엠디엠그룹 회장 등 많은 기업 CEO들을 만나 우리 대학을 홍보하면서 많은 협조를 부탁드렸습니다. 흔쾌히 우리 대학을 돕겠다고 해서 얼마나 고마웠는지 모릅니다.

우리 대학 헤어디자인과는 아이디헤어와 취업 보장형 주문식 교육과정 개설을 위한 MOU를 체결하였습니다. 아이디헤어는 서울 경기 등지에서 62개 지점을 운영하는 미용 기업으로 소속된 디자이너만 1,000명에 이른다고 합니다. 헤어디자인과는 이미 △화미주헤어 △준오헤어 △박준뷰티랩 등과 협약을 맺고 있어서 이번 체결로 주문식 교육이 거의 완성되어 가는 과정인 것 같습니다.

전기과는 삼성중공업 기술연수원과 지난번 주문식 교육 협약으로 내년에 졸업생 100명을 취업시킬 예정입니다.

내일 저는 우리 대학과 취업 보장을 약정한 약손명가를 방문해 다시 한번 우리 학생들의 취업을 부탁드릴 예정입니다. 앞으로도 주문식 교육에 대한 성과를 많은 학과에서 낼 수 있도록 학과 교수님들과 열심히 상의하도록 하겠습니다. 우리 대학은 주문식 교육 등 다양한 프로그램을 통해 이 어려운 상황을 돌파해 나가야 할 것입니다. 사랑하는 KIT 가족 여러분의 적극적인 협조를 부탁드립니다.

이번 한 주도 사랑하는 학생들과 함께 행복하고 보람찬 하루하루가 되시길 기도드립니다.

(2022. 4. 12)

8. 365일 임시 총력전 선언

캠퍼스의 신록이 연둣빛 물감을 풀어 놓은 듯 참 아름답습니다. 요즘 민석광장을 내려다보면, 삼삼오오 앉아 따사로운 봄 햇살과 분수에서 올라오는 시원한 물줄기를 즐기는 학생들이 많이 보입니다. 이렇게 평화롭고 아름다운 일터에서 근무하는 우리는 참 행복한 사람들이라는 생각을 하게 됩니다.

하지만 오늘은 좀 무거운 이야기로 시작해야 할 것 같습니다.

"임진왜란 발발 직후 전쟁의 총책임자였던 도제찰사 류성룡은 왜군의 행군로에 있는 관아의 식량을 모두 불태워 없앴습니다. 그 결과 왜군은 본토에서 식량을 조달해 와야 했죠"

이 글은 윤석만 저(著) ≪교양인을 위한 미래 인문학≫(을유문화사, 266-267쪽) 중에 나오는 구절입니다.

1592년 4월, 부산포로 쳐들어온 왜군은 도성 함락까지 불과 20여 일밖에 걸리지 않았습니다.
임금인 선조는 전쟁이 시작되자마자 북쪽으로 줄행랑을 쳤고,

지도자들을 향한 민심은 한없이 흉흉했습니다.

하지만 이런 유리한 상황에서도 왜군은 조선을 온전히 손에 넣을 수 없었습니다. 바로 보급품 때문입니다. 가난했던 조선에는 먹을 것이 없었고, 류성룡은 남은 식량마저 모두 불태웠습니다. 또 보급품을 싣고 일본 본토에서 오는 배의 길목마다 이순신 장군이 지키고 있었습니다.

이순신에게 참패를 당한 왜군은 보급로가 끊겼고, 명나라까지 개입하면서 전세가 꺾이게 된 것입니다. 이처럼 보급은 전쟁에서 핵심적인 사항입니다.

그렇습니다. 전쟁터에 나가는 군사가 필요하고, 보급하는 군사가 필요합니다. 어쩌면 지금 우리도 전쟁을 치르는 상황에 와있는지도 모릅니다. 각자의 역할을 다시금 생각해야 하는 시기입니다.

저를 비롯한 대학본부는 보급을 담당하는 군사가 되겠습니다. 여러분들은 전쟁터에 나가는 군사가 되어 주십시오. 우리는 할 수 있습니다.

올해는 여러분의 노력 덕분에 신입생 충원률 90%를 넘겨 2,746명이라는 전국 최다 규모의 신입생을 모집했습니다만, 작년에 74.7%밖에 신입생을 충원하지 못해 입학정원을 어쩔 수 없이 또 줄여야 하는 실정입니다. 올해에 이어 내년에도 입학정원을 조정해야 합니다.

이것은 대학경영에도 상당한 영향을 미칠 수밖에 없습니다.

　정말이지 많이 아프지만, 식품영양과와 항공서비스과는 역사 속으로 묻는 결단을 할 수밖에 없었습니다. 또 대부분의 학과도 입학정원을 줄여야만 했습니다. 대신 새로운 시대에 적응하기 위해 클라우드시스템학과를 신설하였고, 제과제빵과를 호텔외식조리계열에서 분리하였습니다. 위기에 대처하고 함께 살기 위한 어쩔 수 없는 선택이었다는 말씀을 드립니다.

　특히 폐지되는 학과의 교수님들과 재학생, 그리고 동문께 위로와 양해의 말씀을 드립니다.

대학본부에서는 '365일 입시체제로의 대전환'을 선언하고, 다양한 전략을 수립하고 있습니다.

교수님들과 직원 선생님들도 정원외, 만학도, 유학생 유치 등 입시에 관한 좋은 아이디어가 있으면, 언제든지 제안해 주십시오. 적극적으로 반영하고 추진하겠습니다.

이 평화롭고 아름다운 우리들의 일터는 우리 스스로가 지켜야 합니다.

한마음 한뜻으로 이겨냅시다. 총장인 저도 입시 성공을 위해 발 벗고 나서겠습니다.

지난주에도 우리 대학에 많은 일이 있었습니다.

먼저 '한국수소산업협회'와 디지털 혁신공유대학 에너지신산업 사업 운영에 관한 협약을 체결했습니다. 한국수소산업협회는 국내외 수소경제 시스템에 적합한 공학, 공업, 연구 등을 추진하는 4개 지역본부와 수소충전소, 대외협력위원회 등 8개의 위원회를 두고 있는 단체입니다. 앞으로 우리 대학 화공에너지공학과와 블루오션인 수소경제시대의 인재를 양성하는 데 협력할 예정입니다.

또 서울에 본사를 두고 있는 주식회사 '약손명가'를 방문하여 이병철 회장님을 비롯한 김현숙 대표 등과 함께 폭넓은 의견을 교환하였고, 우리 대학에 발전기금은 물론 맞춤식 교육 연계 강화 등 많은 협조를 부탁드렸습니다. 흔쾌히 도와주겠다는 말씀을 해 주셔서 너무도 감사했습니다.

앞으로도 총장인 제가 필요한 학과는 언제든 말씀해 주십시오.

그곳이 어디든 교수님들과 함께 직접 방문해 사안을 해결하는데 제 역할을 다하겠습니다.

시간이 참 빨리 흐릅니다. 이번 학기도 벌써 반환점을 돌고 있습니다.

중간고사 기간 잘 보내시길 바라며, 건강하고 행복한 한 주 되시길 기도드립니다.

(2022. 4. 19)

9. '3단계 산학연협력 선도전문대학 육성사업' 선정

　먼저 기쁜 소식을 알려드립니다. 우리 대학이 '3단계 산학연협력 선도전문대학 육성사업 (LINK 3.0)'에 우수한 성적으로 선정되었습니다. 이로써 6년간 총사업비 120억 원을 확보하였고, 여기에 연차 평가를 통해 사업비 10% 수준의 플러스 알파를 더 받게 되었습니다.

　이것은 우리 대학 모든 구성원들의 노력과 협력이 만들어낸 결과입니다. 특히 이 일을 위해 불철주야 힘써주신 임준우 산학협력단장과 심재형 교무처장을 비롯한 TFT 모든 팀원께 깊은 감사의 말씀을 드립니다.

　KIT 가족 여러분, 오늘은 우리 학생들의 인성교육과 글로벌 마인드 향상에 대해 잠시 이야기해볼까 합니다.

　국제통화기금(IMF)에 따르면, 2020년 기준 한국의 1인당 국내총생산(GDP)은 3만1,638달러로 선진 7개국(G7)에 속하는 이탈리아(3만1,604달러)를 앞섰다고 합니다. 저평가된 현재의 환율(1,200원대)이 적정평가 900원대라면 한국의 GDP는 이미 4만

달러를 넘었을 것입니다. 이것은 극심한 빈곤국이었던 한국이 반세기 만에 이룬 정말이지 자랑스럽고 경이로운 성과가 아닐 수 없습니다.

하지만 국민소득 대비 한국의 해외원조는 0.15%에 그쳐 경제협력개발기구(OECD) 국가 평균의 50%에도 못 미치고, 중국의 절반 수준에도 안 된다고 합니다. 또한 OECD 39개 회원국 중 한국은 행복지수와 출산율은 가장 낮고, 자살률은 가장 높다고 합니다. 참 서글픈 얘기지만, 작년 미국 여론조사 기관인 퓨리서치 조사에 따르면, 17개 대상국 중 가족보다 돈이 더 중요하다고 답한 유일한 국민이 한국인이었습니다.

모든 것을 경쟁으로 생각하고 물질만능주의가 지배하는 사회에서 남에 대한 배려, 함께 잘살자는 공생의 정신이 사라지는 것은 너무도 당연한 일일 것입니다. 이런 의미에서 지금이야말로 우리 학생들의 인성교육은 더욱 강화되어야 할 때라고 생각합니다.

장성만 설립자님께서는 생전에 '거저 받았으니 거저 주어라'는 말씀에 따라 경남정보대학교에 국제선교봉사단, 동서대학교에 국제기술봉사단을 창립하셨습니다. 이 나눔의 정신은 코로나로 잠시 중단이 되었지만 곧 재개할 예정입니다.

그리고 우리 학생들이 글로벌 마인드를 향상시킬 수 있는 기회를 많이 만들어야 할 것입니다.

우리나라는 글로벌 경쟁력 없이는 번영은 물론 생존도 어렵기 때문입니다. 올해는 파란사다리사업으로 하계방학 중 영국 Burton & South Derbyshire College에 13명의 학생을 파견할 예정입니다. 또한 우리 학생들의 해외 취업은 물론 우리 대학을 글로벌 캠퍼스로 만들기 위해 유학생 유치에도 적극적으로 나서겠습니다.

지난주 지역 노인을 대상으로 이·미용 재능기부를 하는 헤어디자인과 전공동아리 '가위손'이 부산광역시 자원봉사센터에서 주관하는 공모사업인 '2022 재능기부 자원봉사 프로그램 문화예술 분야'에 선정되어 1년간 봉사활동에 나서게 되었습니다. 이번 공모에 대학으로는 유일하게 선정되도록 지도해주신 유은주 교수님을 비롯한 학과 교수님들께 감사드립니다.

또 에너지신산업 사업단(단장 허광선)은 18일 대학 소회의실에서 부산대학교 에너지신산업 사업단(단장 오진우)과 교육과정 운영에 관한 업무협약을 체결했습니다. 이번 협약을 통해 양 기관은 에너지신산업 인력양성을 위해 교육과정 공동 운영, 교과목 개발을 통한 공동강의 및 학생 공동 수강, 에너지 실험실 및 기자재 공동활용, 교수·학생의 교류 협력, 특강 및 세미나 등 비교과 프로그램 운영 등에 협력할 예정입니다.

그리고 우리 대학 군사학과는 한국자유총연맹 부산광역시지부(회장 양재생)와 아트홀에서 젊은 세대에 자유의 가치 확산이라는 슬로건으로 'KFF글로벌리더연합' 결성식을 가졌습니다.
이날 행사에서 군사학과 임군희(2학년), 김민석(2학년) 주은영(2학년), 박민주(1학년) 학생에게 각각 KFF글로벌리더연합 학생회장, 육군반총대표, 해공반총대표, 1학년총대표 임명장을 수여했습니다.

어제는 우리 소방안전관리과 에서 국가 자격 시험1차에서 80프로가 넘는 학생들이 합격 했습니다. 밤낮으로 지도해주신 소방안전관리과 교수님들께 진심으로 감사드립니다.

이처럼 우리 대학은 폭넓은 협약 체결과 학생들의 봉사활동을 각종시험을 통해 인성교육은 물론 글로벌 인재를 양성하는 대학으로 한걸음 더 나아가야 할 것입니다. 이 시대 최고의 경쟁력은 인성과 글로벌 마인드입니다.

저는 한국전문대학교육협의회 회의차 출장이 잡혀 있어서 부득이하게 교직원 채플에 참석하지 못할 것 같습니다. 은혜와 축복의 시간이 되길 바랍니다. (2022. 4. 26)

10. 상상력을 통해 지혜를 익혀가는 KIT

신록의 계절, 5월입니다. 한차례 봄비가 퍼붓더니 캠퍼스의 꽃과 나무들에도 생기가 더욱 돋는 것 같습니다. 꽃과 나무들뿐만 아니라 이번 주부터 대폭 완화되는 코로나 방역 조치에 우리들의 얼굴에도 웃음꽃이 피는 것 같습니다.

일상을 되찾는 모습이 참 보기가 좋습니다. 그동안 대면과 비대면 수업을 병행하며 학생들을 관리하시느라 고생 많으셨습니다. 그래도 우리 모두의 건강을 위해 조심조심하시며 근무에 임했으면 합니다.

우리 대학은 포스트 코로나 시대를 맞아 '캠퍼스 활성화'를 위한 행사들을 기획하고 있습니다.

지난주 그랜드조선 부산, 웨스틴조선 부산과 함께하는 취업설명회를 시작으로 비타민과 마스크를 배부하는 코로나 회복 캠페인, 3년 만에 동아리 회원 모집 재개, 9월 체육대회와 11월 학술제 개최 예정, 인성캠프 및 취업캠프 실시 등 다양한 행사를 본격적으로 재가동할 계획입니다.

지난 28일부터 1박 2일 일정으로 우리 대학 신산업특화사업단은 반도체과 재학생들을 대상으로 올바른 인성 및 태도 함양을 위해 경주 블루원 리조트에서 인성캠프를 열었습니다. 배려와 소통, 협력, 팀워크 Jump Up을 위한 특강과 현직자를 초빙한 '직업인성 & 프로의식 Plan Up' 특강 등으로 알차게 진행하였습니다.

또 치매돌봄 사각지대에 있는 치매환자의 안전과 삶의질 향상을 위해 간호학과 건강나눔 동아리는 사상구 보건소 치매안심센터와 협력하여 사랑의 단비단으로 봉사활동을 하기로 하였습니다. 지도해주신 배주희 교수님을 비롯한 학과 교수님들께 감사드립니다.

얼마 전에 타계한 한국의 지성, 이어령 선생은 "나에게 만약 건드리는 것마다 금덩이로 변화시키는 지팡이가 있다면, 나는 지식이라는 금덩이가 아니라 지식을 창조하는 상상력의 지팡이, 지혜의 지팡이를 놓고 가려고 합니다"라며 창조력의 씨앗을 키우는 이야기, 지식이 아니라 지혜를 쌓는 이야기를 하셨습니다. 이어령 선생의 말의 힘, 글의 힘, 책의 힘을 느낄 수 있는 대목입니다.

그렇습니다. 이제 우리도 학생들에게 상상력을 통해 지혜의 눈을 뜨게 해주어야 합니다.

그것은 오로지 많은 독서와 많은 체험으로 시야를 넓혀야 가능한 일일 것입니다.

  그런데 너무나도 걱정스러운 일이지만, 요즘 학생들은 책을 가까이하지 않습니다.

  아무리 독서 분위기를 만들어줘도 핸드폰만 이리저리 쳐다봅니다.
  그러니 우리 대학은 학생들에게 다양한 경험이라도 재학시절 할 수 있도록 기회를 많이 제공해야 할 것입니다.

  민석관 1층에 마련된 아름다운 지혜의 창고, (스터디 라운지) 가 오픈하였습니다.

학생들이 드나드는 입구도 세련되게 디자인하였습니다. 이곳이 이어령 선생이 말씀하신 학생들과 함께 토론하고 대화하며 새로운 것을 창조하는 상상발전소가 되었으면 좋겠습니다.

향후 학생들이 편안하게 책도 읽고, 공부도 하며, 지혜를 쌓을 수 있는 공간을 더 확충하도록 노력하겠습니다.

지난주 저는 한국전문대학교육협의회와 총장 회의에 다녀왔습니다. 위기의 시대에 전문대학이 살아남는 방법은 무엇인가? 다들 고민하는 흔적이 역력했습니다.

정부 정책 동향 파악, 전문대학 메타버스 컨소시엄 구성 등 다양한 자구책을 마련하느라 분주한 모습이었습니다. 한편으로는 우리 대학의 발 빠른 움직임에 다들 긴장하는 분위기도 있었습니다.

가정의 달, 5월입니다. 모든 교수님, 직원 선생님, 그리고 학생들 가정에 행복이 가득하길 기도드립니다. (2022. 5. 3)

11. 'LINC 3.0 사업'
수요맞춤성장형 유형에 선정

    오늘은 제20대 윤석열 대통령 취임식이 열리는 날입니다. 국민과 국가를 위해 통합의 정치로 더 큰 대한민국을 만들어 주길 기대해봅니다. 특별히 시대 상황에 맞지 않는 교육부의 규제를 혁파하고, 대한민국의 새로운 미래 인재를 양성하기 위한 교육 혁신과 개혁 정책이 많이 마련되길 희망해봅니다.

    언론 보도를 통해 알고 계시겠지만. 우리 대학이 교육부와 한국연구재단이 주관하는 'LINC 3.0 사업'의 수요맞춤성장형 유형에 우수한 성적으로 선정되었습니다. 대학과 산업체가 서로 연계해 미래 인재를 양성하는 본 사업은 대규모 국가 예산이 책정되어 있어서 대학가 최고의 숙원사업으로 모든 대학이 사활을 걸고 준비한 사업입니다. 우리 대학은 2028년까지 최소 120억 원 규모의 국가 예산을 지원받게 됩니다. 그동안 최선을 다해주신 교수님들, 직원 선생님들 한분 한분께 깊이 감사드립니다.

    후문에 의하면, 우리 대학이 계획서에서 제시한 사업모델이 매우 우수한 평가를 받았다고 합니다. 'K-IDEA(KIT-Infra Development Education Application)'이라는 선도모델은 산

학협력 인프라 고도화, 기업 가치 창출 강화, 미래산업 인재 양성, 산학협력 공유·협업 확산 등의 세부 전략과 과제를 포함하고 있습니다.

구체적으로는 제조혁신 ICC, 라이프케어 ICC, 관광마이스 ICC, Triple-S ICC 분야를 대학 특화 분야로 하여 산학협력을 강화할 계획입니다. 계획대로 사업이 잘 진행되어 LINC 사업 1, 2단계에 이어 3단계 사업을 통해 우리 대학은 산학연협력 선도 대학으로의 위상을 더욱 굳건히 해야 할 것입니다.

지난주 제20대 대통령직 인수위원회가 발표한 윤석열 정부

'110대 국정과제'를 살펴보면, 이제는 지방대학 시대라고 분명히 못 박고 있습니다. 과제목표를 보면, 지역과 대학 간 연계·협력으로 지역인재 육성 및 지역발전 생태계 조성, 국민 누구나 자신의 역량을 지속 개발할 수 있는 평생·직업교육 강화, 지역대학에 대한 지자체의 자율성 및 책무성 강화 등이 담겨있습니다.

우리 대학이 현재 추진하고 있는 지자체, 지역대학, 지역 산업계 등이 참여하는 (가칭)지역고등교육위원회 설치, 지자체-대학 협력기반 지역혁신플랫폼과 지역 맞춤형 규제특례제도인 고등교육혁신특화지역, 지역산업 수요에 맞는 '진로탐색-교육·훈련-취업지원' 원스톱 모델(WE-Meet) 운영, 지역 고졸 인재를 키우는

'직업교육 혁신지구' 확대 및 대학 중심 산학협력·평생교육 조기 취업형 계약학과 확대, 일터-대학 순환형 대학평생교육으로 지역 밀착형 평생·직업교육 제공 등이 담겨있는 것을 알 수 있습니다.

우리 대학은 정부 정책의 변화에 발 빠르게 대응해야 할 것입니다. 무엇보다도 전문대 평생직업교육 기능을 강화해야 하고, 대학-지자체-산업 간 협력으로 지역위기 극복 및 지역 맞춤형 인재 양성에 철저하게 대비해야 합니다.

또한 산업 전환기에 구직자·재직자의 구직 애로 완화 및 신기술 역량 강화를 위해서도 교육 프로그램을 다양하게 개발해야 합니다. 제가 취임하면서 발표했던 내용과 많은 부분이 유사하다는 것을 느낄 수가 있습니다. 대학본부에서는 변화된 정부 정책에 부합하는 대학 미래비전 로드맵을 잘 만들도록 최선을 다하겠습니다.

지난주 총학생회와 대의원회가 활기찬 캠퍼스 생활을 즐길 수 있기를 기원하며 코로나19 회복 캠페인을 개최하였습니다. 교내 광장에서 직접 준비한 비타민, 마스크, 자가진단키트 등 코로나 일상 회복을 위한 용품을 학생에게 직접 전달하였습니다. 교정에서 만나는 학생들의 얼굴이 예전보다는 훨씬 밝아 보였습니다. 앞으로도 학생들이 경남정보대에서 꿈과 희망을 마음껏 펼칠 수 있도록 응원하고 지원하겠습니다.

사랑하는 제자들과 함께 행복하고 보람 있는 하루하루가 되길 기도드립니다. (2022. 5. 10)

12. 스승과 제자

가정의 달이자 감사의 계절, 5월을 보내노라면 가슴 한편에는 따뜻한 온기가 느껴지지만, 다른 한편으로는 아련함이나 미안함 같은 헛헛한 감정이 흐르기도 합니다. 특히 스승의 날이 끼어 있는 주는 더더욱 그런 것 같습니다. 지난주 제자들과 즐거운 스승의 날을 보내셨는지요?

요즘 선생님들은 스승의 날이 어디 있냐고 자조 섞인 말들을 많이 합니다. 맞는 말이기도 합니다. 개인적 가치관의 시대를 맞아 부모의 권위뿐만 아니라 스승의 위치도 많이 추락하고 있습니다. 스승과 제자 사이에 흐르던 존경과 사랑이라는 소중한 감정은 점점 약해지고, 그저 개인 대 개인이라는 매우 사무적인 감정이 그 자리를 채우고 있습니다.

저는 5월이 되면 소천하신 설립자님이 보고싶고 그리워집니다. 저를 지금까지 키워주시고 보살펴주신 은혜 잊지 않고 있습니다. 저의 스승이시고, 나의 영원한 멘토십니다.

선생님께서 하늘을 원하신다면/전 하늘을 가로질러/천 피트나 높이 치솟은 하늘에/편지를 쓸거예요/'선생님께 사랑을 보내며' 라고요

책을 덮을 시간이 다가오고 있어요/이제 이별을 고해야 해요/떠날 때가 될 때 저에게 무엇이

옳고 그른가를/어떤 것이 약하고 강한가를 가르쳐 주었던/저의 가장 소중한 친구인 선생님을

떠나게 된다는 사실을 깨달았어요/제가 과연 선생님께 보답으로/무엇을 드릴 수 있을까요?

위의 글은 〈언제나 마음은 태양(1967)〉이라는 제목으로 번역되어 우리나라에서 개봉한 영화의 엔딩을 장식한 노래, 'To Sir, With Love'의 가사 일부입니다. 친구들의 뒷담화를 즐기고, 정서 불안으로 손톱을 물어뜯으며, 크레용으로 낙서를 하던 유치한 여자아이가 향수를 뿌릴 만큼 성숙해져서 자신의 가치관을 만들어 주고 친구가 되어준 선생님께 감사한 마음을 담아 졸업식에서 부른 영국판 스승의 날 노래입니다.

지난주 저는 이 노래를 여러 차례 듣고 흥얼거렸습니다. 이 노래를 좋아하는 저는 요즘 말로 시대의 흐름을 잘 읽지 못하는 '꼰대^^'인지도 모릅니다. 그런데 이 시기에 듣는 이 노래에 대한 저의 감정이 매년 달라지고 있음을 느낍니다. 제자인 너희들이 스승인 나를 그렇게 대하니 나도 똑같이 너희들을 대해 줄께! 혹 이런 생각으로 교단에 서지 않았나 후회하게 됩니다. 제자들의 발을 씻겨주신 예수님의 제자 사랑을 까마득히 잊어버리고, 우리 대학 건학이념을 잘 실천하고 있다고 생각하지 않았나 깊이 반성하게 됩니다.

　교수님들 그리고 직원 선생님들,

　이제 우리는 '스승의 날'을 '제자의 날'로 부릅시다. 우리는 그저 대가에 얽매여 학생들을 가르치는 단순 노동자가 아닙니다. 우리는 제자들에게 대접받기 위해 존재하는 권위자들도 아닙니다. 우리는 한 명의 인생을 바꿔놓을 엄청난 영향력을 가지고 그들과의 동행을 준비하는 아름다운 사람들입니다. 그저 표현이 서툴 뿐 우리 제자들의 마음속에는 분명 스승인 우리가 있을 것입니다.

　저는 오늘 스승의 날을 즈음하여 교수님들과 직원 선생님들께 두 가지를 제안합니다.

　첫째, '스승-제자'의 관계가 점점 어려워지면, 하나님을 둘 사이의 가교역할로 삼아 '스승-하나님-제자'의 관계로 만듭시다. 성경의 가르침은 우리 제자들의 마음을 따뜻하게 다독여주어 세상을 바라보는 그들의 시선을 올바르게 인도해 줄 것입니다. 그리고 예수님의 제자 사랑을 우리가 깊이 묵상한다면, 제자를 향한 왜곡된 우리들의 마음도 한결 편안해지고, 그들과의 동행은 행복으로 가득 찰 것입니다. 우리 대학의 건학이념이 기독교 정신인 것은 우리 모두에게 무척이나 다행한 일이고, 축복이 아닐 수 없습니다.

둘째, 우리가 어떤 일을 하든 그 일의 한복판에는 우리들의 사랑스러운 제자가 있다는 것을 잊지 않았으면 좋겠습니다. 주말도 반납하고 힘들게 사업 제안서를 만들 때, 이 사업에 선정되면 우리 학생들이 큰 혜택을 볼 수 있어! 하는 생각이 있다면, 우리들의 힘든 작업이 그래도 조금은 위안을 받지 않을까요? 캠프를 갈 때도 학술제를 준비할 때도 새로운 대학 정책을 만들 때도 우리 제자들을 생각한다면, 좀 더 알차게 준비하지 않을까요? 이런 좋은 생각들이 모여 인재를 키우는 대학과 돈의 논리로 작동되는 일반 기업과의 분명한 차이가 만들어지는 것은 아닐까요?

비근한 예로 지난주 우리 대학은 교육부와 한국장학재단이 주관하는 '2022년 파란사다리 사업'에 선정되었습니다. 열다섯 명의 학생들이 4주간 해외진로탐색 활동으로 영국에 갑니다. 만약 이 사업에서 우리 대학이 제외되었다면, 우리 제자들은 이처럼 좋은 기회를 가질 수 없었을 것입니다. 저는 확신합니다. 이 학생들은 학창시절의 경험을 잊지 않을 것이고, 그들 중 또 누구는 대학

시절 영국에 간 경험이 내 인생을 바꿔놓았다고 회상할 것입니다. 이런 의미에서 하종수 교수님을 비롯한 TF팀 이원희, 안성우 교수님, 그리고 국제교류센터 직원분들은 정말 큰일 하신 겁니다. 고맙습니다.

지난 '31회 교원 인식 설문조사'에 따르면, 선생님들이 학생들에게 듣고 싶은 말, 'BEST 4'는 다음과 같습니다.

1위 선생님 존경합니다. (28.2%) / 2위 선생님처럼 되고 싶어요. (26.8%)

3위 선생님이 계셔서 행복해요. (26.8%) / 4위 선생님 사랑해요. (12.3%)

사랑하는 KIT 교수님 그리고 직원 선생님! 존경합니다. 사랑합니다. (2022. 5. 17)

13. '제3회 창의융합포럼(CCF)'

   숲속으로 들어가/하늘로 걸어가는 나무를 찾아갔습니다/얘기를 하고 싶었지요 대답이 없지만/그냥 그렇게 얘기를 했습니다/관심을 가지고 들을 준비를 하고 있더군요/많은 귀들이 팔락이며 나의 얘기를 들어주었어요/나뭇잎 하나에 몇 개의 사연이 들어갈까요/(중략)

   당신 이야기/세상에서 들려온 이야기/거짓말과 진실 그리고 그 중간/분별할 수 없는 답답함에/오늘도 나뭇가지와 낙엽은 소리 내어 웁니다

   우리 대학 총괄부총장이신 최성경 시인의 시집 '활주로 숲속으로'의 일부분입니다. 화자는 얘기를 하고 싶어하지만 우리의 무관심은 화자를 숲속으로 들어가게 만듭니다. 이 시의 화자뿐만 아니라 우리 모두는 남과 소통하기를 원하지만 그게 말처럼 쉽지 않습니다. 저는 이 시를 읽으면 '나는 과연 나무들처럼 남의 말을 들을 준비가 되어 있는가?', '나는 과연 남에게 나의 이야기를 솔직하게 털어놓는가?' 자문하게 됩니다. 우리 대학 구성원 모두는 서로 편안하게 마음 터놓고 얘기하는 그런 사이가 되었으면 좋겠습니다.

사랑하는 경남정보대학교 가족 여러분,

이번 주 토요일 우리 대학 미래관에서 '제3회 창의융합포럼 (CCF)'이 개최됩니다. 이름만 들어도 쟁쟁한 글로벌 혁신기업에서 중추적 역할을 맡고 계신 분들을 강연자로 모셨습니다. 4차 산업혁명 시대가 요구하는 창의·융합적 사고를 키우는 데 꼭 필요한 강의와 토론! 정말 기대가 됩니다. 이 행사를 통해 우리 대학은 어느 대학도 감히 따라 할 수 없는 'Only & Totally Different' 대학임을 증명하는 확실한 기회가 될 것입니다.

잠시 다섯 분의 강연자를 소개하면, 카카오엔터테인먼트 디자인그룹장 나세훈 이사, 글로벌 기업 런드리고의 송호성 총괄, 구글 본사의 박상학 크리에이티브 리드, 미국 우주항공산업의 혁신기업 아스트라(ASTRA)의 강환철 디자이너, 네이버 김재엽 크리에이티브 책임자입니다. 특히 구글의 박상학님과 아스트라의 강환철님은 강연을 위해 미국에서 오십니다. 활기 넘치고, 의미 있는 이 행사에 교수님들과 학생들의 많은 관심과 적극적인 참여를 진심으로 바랍니다.

지난 17일, 교육부와 한국교육개발원은 대학구조개혁위원회 심의를 거쳐 2023학년도 정부 재정지원 가능 대학 총 276개교(일반대학 및 산업대학 160개교, 전문대학 116개교)를 발표했습니다. 여기에 우리 경남정보대학교가 포함되었습니다. 그동안 수고해주신 모든 분께 깊이 감사드립니다.

2023학년도 신·편입생 국가장학금 I유형(학생직접지원형 : 학생의 소득 수준과 연계하여 경제적으로 어려운 학생에게 보다 많은 혜택이 주어지도록 설계된 장학금) 지원이 가능한 일반대학 및 산업대학은 180개교, 전문대학은 127개교입니다. 그리고 신·편입생 국가장학금 II유형(대학연계지원형 : 등록금 동결·인하 및 교내 장학금 확충 등 대학의 자체적인 등록금 부담 완화 노력과 연계하여 대학에 지원하는 장학금) 지원이 가능한 대학은 일반대학 및 산업대학 176개교, 전문대학 120개교입니다.

여기서 느끼는 것은 한순간이라도 방심하고 노력하지 않으면 언제든지 탈락할 수 있다는 것입니다. 잘나가던 대학이 재정지원 불가능 대학으로 낙인찍혀 걷잡을 수 없는 혼란에 빠지고, 학생모집에도 심각한 타격을 입게 되는 것을 우리는 지금 똑똑히 목격하고 있습니다. 우리의 사랑스러운 제자들을 위해서라도 좀 더 노력하는 경남정보대학교가 되어야 할 것입니다.

지난 11일, 부산광역시 주최 '2022년 부산광역시 어린이급식관리지원센터 연찬회'에서 우리 대학 산학협력단이 위탁운영 중인 기장군 어린이급식관리지원센터(센터장 문숙희)가 2021년도 운영성과평가에서 '우수상'을 수상했습니다. 지역사회와 연계해 센터에서 제작한 동화책을 도서관 및 육아종합지원센터 등에 기증하고 전국의 어린이급식관리지원센터에 교육자료를 확산·공유함으로써 어린이들의 건강증진에 기여한 공을 인정받은 것입니다. 그동안 수고해주신 문숙희 교수님을 비롯한 관계자 모든 분께 감사드립니다.

또한 우리대학 평생교육원이 주관하고 피부메이크업네일과에서 주최하는 '시데스코 국제뷰티·아로마 테라피 자격과정' 개강식이 지난 18일 시데스코 뷰티룸에서 열렸습니다. 우리대학은 지역 피부미용 전문가들에게 도움이 되고자 부울경 최초로 시데스코 스쿨로 인가를 받았고 국내 대학에서는 유일하게 시데스코 국제뷰티·아로마 테라피 자격과정을 운영할 정도로 성장하고 있습니다. 책임을 맡고 계신 김경미 교수님을 비롯한, 학과 교수님들께도 심심한 감사의 말씀 드립니다.

참고로 시데스코(CIDESCO)는 1946년 설립된 피부미용전문가 국제교류협회이며 본부는 스위스 취리히에 있으며 세계 43개 회

원국을 보유하고 있고 교육과정 수료자는 우선 해외취업이 가능
합니다.

 5월 마지막 한 주간도 행복하고 보람찬 하루하루가 되시길 기
도드립니다. (2022. 5. 24)

14. 국내 1등 전문대학을 만들어 낸
선배들의 땀과 눈물

내일이면 벌써 한 학기를 마무리하는 6월입니다. 시간이 정말 빠르게 흐르는 것 같습니다. 특히 대학의 시간은 더 빠르다고들 하지요. 학기를 엊그제 시작한 것 같고 한 일도 별로 없는 것 같은데, 돌아서면 기말이고 방학이라는 말을 우리는 자주 합니다.

그러나 빠르게 흘러가는 그 시간 속에 녹아있는 우리의 작은 수고와 노력은 분명 새로운 무언가를 만드는 아주 좋은 자양분이 될 것입니다.

저게 저절로 붉어질 리는 없다/저 안에 태풍 몇 개/저 안에 천둥 몇 개/저 안에 벼락 몇 개

저게 혼자서 둥글어질 리는 없다/저 안에 무서리 내리는 몇 밤/저 안에 땡볕 두어 달/저 안에 초승달 몇 날

장석주 시인의 시 입니다. 우리는 그저 대추가 저절로 익어가는 줄 알지만, 대추나무는 그 열매를 맺기 위해 태풍과 천둥과 벼락을 남몰래 이겨내고 있는 것입니다. 추위와 더위, 그리고 외로움을 견뎌야 대추 한 알이 오롯이 둥글고 붉게 열릴 수 있는 것입니다.

　사랑하는 KIT 가족 여러분,

　열매를 맺기 위해 대추 한 알도 일년내내 그리 몸서리를 치는데, 하물며 대학이 성장하고 발전하려면 얼마나 많은 땀과 눈물이 필요할까요?

　지난 28일은 동서학원 건학 57주년을 맞는 동시에 우리 경남정보대학교가 개교한 지 57년이 되는 기념일이었습니다. 먼저 버려진 척박한 이 땅을 축복의 땅으로 만드시고, 그 땅 위에 세계를 향해 비상하는 3개 대학을 세워 지금껏 이끌어주신 장성만 설립자님과 박동순 이사장님께 깊이 감사드립니다.

　그리고 그 오랜 세월 동안 모든 고난과 역경을 땀과 눈물, 그리

고 기도로 이끄신 설립자님 내외분과 함께 그 어떤 수고와 노력도 마다하지 않으신 선배 교수님, 그리고 직원 선생님께 존경의 말씀을 올립니다.

교수님 그리고 직원 선생님,
저는 이번 개교기념일을 맞아 건학이념에 대해 좀 다른 생각을 하게 되었습니다.

대추는 모든 어려움을 이겨내고 멋진 열매를 맺을 수 있습니다. 그러한 일은 일 년, 이 년, 혹은 그 이상 몇 년은 계속해서 가능할 수 있을 겁니다. 하지만 57년간 대추나무에서 그 똑같은 열매를 맺기는 사실상 불가능합니다.

우리의 일, 우리의 삶도 마찬가지입니다. 우리의 땀과 눈물로 일 년, 이 년, 혹은 그 이상 몇 년은 발전할 수 있습니다. 하지만 그 것만으로는 지속적인 성장과 발전을 이루는 데는 분명한 한계가 있습니다.

우리 대학이 이렇게 성장 발전하는 데는 하나님의 보살핌이 항상 있었기에 가능한 것입니다. 우리의 부족함을 하나님이 모두 채워주시기에 오늘의 영광이 있는 것입니다. 앞으로도 우리 대학은 기독교 정신의 건학이념을 잘 계승하여 하나님의 넘치는 축복과 한없는 은혜 속에서 성장 발전하기를 기원합니다.

지난주 우리 대학은 민석관 1층 학습라운지에서 현판 제막식을 열었습니다.

사랑모아금융서비스 정상호 대표께서 우리 대학에 발전기금을 기부해주신 것에 대해 감사의 마음을 담아 사랑모아 홀로 명명한 것입니다. 이날 행사에 총학생회장과 부학생회장이 함께 했는데, 학생 대표로 감사의 마음을 전하는 모습이 무척 보기가 좋았습니다.

앞으로도 발전기금을 기탁해주신 분들의 뜻을 담아 계속해서 이러한 홀을 만들어 우리 학생들에게 기부문화의 참뜻을 알리고 교육하도록 하겠습니다.

지난 24일, 아트홀에서 우리 대학 지역사회봉사단은 '제13기 지역사랑봉사단 발대식'을 개최했습니다. 이날 발대식에는 우리 대학 재학생 봉사단 200여 명이 참여했습니다.

이들은 앞으로 사랑의 밥차 무료급식, 캠퍼스 오픈 봉사데이, 김장나누기 등 다양한 곳에서 함께 나누라는 우리 대학 건학이념 수호를 위해 열심히 봉사활동을 펼칠 것입니다. 그들에게 많은 애정과 응원을 보내줬으면 좋겠습니다.

그리고 지난 28일 주말에 미래관에서 '제3회 창의융합포럼 (CCF)'이 열렸습니다.

저는 총장으로서 환영사를 하기 위해 참석했었는데, 정말 깜짝 놀랐습니다. 40년 가까이 학회나 포럼에 참석한 경험이 있는 제가 정말 귀한 강의를 듣게 된 것입니다.

다른 일정 때문에 끝까지 듣지는 못했지만 강의를 듣는 내내 제 머릿속에는 대학경영의 새로운 아이디어가 샘솟고 있었습니다. 단순히 디자인에 관한 강의가 아니라 어느 분야에 있든 발상의 전환을 할 수 있게 동기를 부여하는 내용이었습니다.

오랜만에 강의 맛집을 찾은 느낌이었습니다. 내년부터는 모든 교수님과 직원 선생님들이 CCF 강의를 들었으면 좋겠습니다.

어제는, 문화관광부와 부산정보산업진흥원이 주관하는 '올해 B-CON 창작과정' 1인 미디어 크리에이터 양성과정 참여대학으로 선정되었습니다.

이 사업은 부산지역 대학의 인프라를 활용한 콘텐츠 분야 교육으로 전문 인재를 양성하고 일자리 창출을 목적으로 한 사업이며 전문대학에서 유일하게 우리 대학만 선정되었습니다.

우리 대학 미디어 교육 역량이 또 한번 인정받게 되어 기쁘고 자랑스럽습니다.

미디어영상과 조숙희 학과장님을 비롯한 학과 교수님들께 진심으로 감사드립니다.

우리는 잘하고 있습니다. 우리는 잘 될 겁니다.
행복한 6월 맞이하시길 기도드립니다. (2022. 5. 31)

15. '세일즈 총장'이 되겠다는 약속

연휴 잘 보내셨는지요? 6월 들어서자마자 지방선거 휴일과 현충일 연휴가 끼어 있어 좀 여유로운 한주였습니다. 그런데 우리나라 사람들은 다들 일벌레여서 휴일에도 마음 편히 즐기지 못한다고 합니다.

평생을 그렇게 일에 쫓겨 사는 우리의 기성세대를 보면, 동병상련인지 안쓰러운 생각이 많이 듭니다. 잘 쉬어야 일도 잘할 수 있다고 하는데, 그게 말처럼 쉽지가 않습니다.

부디 다가오는 하계방학에는 우리 교수님들과 직원 선생님들 모두 밀란 쿤데라가 말한 '느림'이 주는 행복을 한 번쯤 느껴보셨으면 좋겠습니다. 휴가계획 잘 세워 사랑하는 가족들과 함께 멋진 추억을 만드는 재충전의 시간을 갖길 바랍니다.

먼저 기쁜 소식을 알려드립니다. 우리 대학이 교육부와 한국연구재단이 주관하는 '고등직업교육거점지구사업'에 최종 선정되었습니다. 올해 처음 시행되는 신사업이라 좀 생소하게 느껴지실 겁니다. 이 사업은 기본적으로 지역 활성화가 목표입니다. 인재 유출이 심한 지방 도시들의 자생력을 높여주기 위해 중앙정부가 의욕적으로 시작하는 사업입니다.

    대학과 기초자치단체가 협력해 지역의 발전목표에 부합하는 지역 특화 분야를 선정하고, 대학의 교육체계를 연계·개편해 지역 기반 고등직업교육의 거점 역할을 대학이 수행하도록 지원하는 것입니다. 우리 대학은 10개 학과가 참여해 올해부터 총 45억 원 규모의 예산을 지원받아 사상구청과 함께 사업을 시행합니다.

    사업 공고가 난 후 제안서 제출까지의 기간이 정말 짧았습니다. 갑자기 공고가 난 터라 어떻게 준비해야 할지 처음엔 그저 막막하기만 했습니다. 사상구청의 입장도 마찬가지여서 우리 대학이 주도할 수밖에 없었습니다. 이런 연유로 이 사업에 참여하지 못한 대학들이 전국적으로 많았습니다. 저는 이번 사업을 준비하면서 우리 대학의 저력을 다시 한번 실감했습니다. 평상시 준비되어 있지 않으면, 그 짧은 기간 안에 사업계획서를 제출하기는 사실상 불가능했을 것입니다. 이 사업에 적극적으로 참여해주신 학과 교

수님들께 진심으로 감사의 말씀을 드립니다.

　이로써 우리 대학은 혁신지원사업, LINC3.0사업, 고등직업교육거점지구사업 등 정부 주도의 굵직한 사업에 모두 선정되는 쾌거를 달성하게 되었습니다. 지원 규모는 LINC3.0에 120억, 전문대학 혁신지원사업 45억, 이번 고등교육 지원 사업으로 45억원에 이릅니다. 총장으로서 정말 기쁜 것은 이들 사업을 통해 우리 학생들에게 보다 나은 교육환경, 첨단실습실, 장학 등 다양한 혜택을 안정적으로 줄 수 있다는 것입니다. 모두 교수님과 직원 선생님들 덕분입니다. 정말 고맙습니다.

　지난 2월, 저는 총장 취임식에서 '세일즈 총장'이 되겠다고 모두에게 약속했습니다. 이 약속을 잘 지키고 있는지 저 스스로는 매일매일 점검하고 반성하고 있습니다. 대학발전기금 모금과 주문식 교육 유치,취업, 대학 홍보 등을 위해 열심히 뛰어다녔고, 나름의 성과도 낼 수 있었습니다. 동서학원, 경남정보대학교 발전기금 기탁액은 이미 30억 원을 돌파하였음을 보고드립니다. 이 기금은 우리의 후배 교수와 직원, 그리고 학생들을 위해 사용될 우리 대학의 미래 자산입니다. 제가 이렇게 마음 편히 밖으로 뛰어다닐 수 있는 것은, 이미 전통이 된 우리 대학 업무시스템 때문입니다. 이 또한 감사드립니다.

이제 문제는 입시와 취업입니다. 아무리 많은 사업에 선정된다고 해도, 아무리 많은 기금을 모금한다고 해도 대학에 학생이 없다면 아무 소용이 없습니다. 저는 지난주 '입시365 체재' 일환으로 입시관리처에서 방문 중인 우리 대학 다수지원고 100개교 중 배정미래고등학교를 동행했습니다. 오늘은 계성여자고등학교를 방문합니다.

만나는 교장, 교감, 진학담당 선생님의 한결같은 말은 바로 취업이었습니다. 학과별 취업 현황을 매우 구체적으로 듣고 싶어 했습니다. 학과에서 고등학교를 방문할 때, 취업률이 높다는 추상적인 말보다 구체적인 학과 취업 사례와 데이터를 가지고 가면, 입시 홍보에 큰 도움이 될 것입니다. 그야말로 취업이 최고의 입시 홍보임을 다시 한번 알 수 있었습니다. 우리 대학 금년도 취업률 목표 75%를 달성하기 위해 총장인 저도 함께 뛰겠습니다.

지난주 우리 대학 신산업특화사업단은 반도체과, 전자계열, 기계계열 학생 30명을 데리고 대구경북과학기술원(DGIST)과 반도체 기업, 제엠제코㈜로 현장견학을 다녀왔습니다. 학생들은 대구경북과학기술원 반도체소자클린룸에서 각종 반도체 연구시설과 공정 장비, 공정 기술을 경험했습니다. 또한 제엠제코㈜를 방문해 최윤화 대표의 '미래형 파워반도체 패키지기술' 특강과 함께 회사 시설과 반도체 제품 생산라인 견학을 통해 반도체 산업 현장을 체험했습니다.

그렇습니다. 우리 학생들에게 많이 보여줍시다. 경험만큼 좋은 교육이 없다고 합니다. 앞으로도 우리 대학은 '보고 듣고 체험하는 프로그램'을 다양하게 만들어 재학생들의 안목을 넓혀주도록 노력합시다. 임준우 단장을 비롯해 이번 현장견학에 동행한 교수님, 직원 선생님께 감사드립니다.

중앙동에 있는 한 물류회사에 방문하니 이런 글귀가 눈에 들어왔습니다.

'우리는 이 자리에서 바람을 타고 거친 파도를 헤치면서 원대한 포부와 이상을 달성한다는 승풍파랑(乘風破浪)의 기상으로 우리의 목표를 향해 한발 한발 나가자고 다짐하자`였습니다.'

지금 대학가에 세찬 바람이 불고 거친 파도가 치고 있습니다. 원대한 포부와 이상을 말하는 대학은 이제 없습니다. 그저 생존만을 바라고 있습니다. 하지만 저는 우리 대학의 포부와 이상을 말하고 싶습니다. 교수님, 직원 선생님들과 함께 그 항해를 즐기고 싶습니다.

이번 학기 '투톡데이 레터'를 마감합니다. 2학기에 다시 소식 전하겠습니다.

남은 학사 일정 잘 마무리하시고, 행복한 방학 보내시길 기도드립니다. (2022. 6. 7)

16. 개교이래 최초 전직원 워크숍

올여름 무더위가 그야말로 맹위를 떨쳤습니다. 또 온 나라가 폭우에 큰 피해를 입기도 했습니다. 더구나 지금 역대급 태풍이 부산을 향해 돌진하고 있습니다. 모두의 안전이 걱정되는 상황입니다. 교수님들과 직원 선생님들은 대학본부에서 공지하는 안전 매뉴얼과 변경된 일정을 잘 숙지하시길 바랍니다. 저도 사무처 직원들과 함께 학교에 상주하며 피해가 없도록 대비에 만전을 기하겠습니다. 아울러 우리 대학 모든 구성원들의 가정에도 태풍 피해가 없기를 기원합니다.

사랑하는 경남정보대학교 가족 여러분,
그간 잘 지내셨는지요? 이번 방학 기간에도 우리 대학은 바삐 움직였습니다. 개교 이래 처음으로 전 교수와 직원이 함께 혁신 워크숍을 다녀왔습니다. 한마음으로 단합된 모습이 보기에 너무도 좋았습니다. 재충전과 좋은 추억을 만들어 드리고 싶어 준비했는데, 보람되고 즐거우셨는지 모르겠습니다. 이런 기회를 또다시 만들 때는 좀 더 성심을 다해 알차게 준비하겠습니다.

그리고 무더위에도 교수님들은 입시와 취업을 위해 고교와 기업체를 방문하고, 학생들과 함께 공모전을 준비하며, 또 현장실습을 나간 학생들을 찾아가 지도하느라 땀을 많이 흘리셨습니다. 대학본부 각 부서는 정책의 변화를 꾀하기 위해 보직자들과 직원 선생님들이 또 땀을 많이 흘리셨습니다. 특히 학생들에게 보다 나은 교육 환경을 제공하기 위해 캠퍼스기획본부와 사무처는 아침 일찍부터 공사를 진행하느라 또 땀을 많이 흘리셨습니다. 정말 고맙습니다.

무엇보다도 8월 23일부터 3일간 진행된 현장방문평가를 잘 마무리하여 모든 분야에서 '충족' 평가를 받을 수 있을 것 같습니다. 평가 마지막 날에 열린 종료회의에서 평가위원들은 우리 대학의 몇 가지 정책을 우수사례로 추천하겠다는 말까지 하였습니다. 잘 아시다시피 기관인증평가는 모든 정부사업 신청의 근간이 되는 것이기에 매우 중요한 사안입니다. 그동안 기획처를 중심으로 평가 준비에 총력을 다해주신 모든 부서와 교수님, 직원 선생님께 깊이 감사드립니다. 우리의 땀과 노력이 쌓여 저력이 되고, 변화가 되고, 혁신이 되고, 역사가 된다는 것을 저는 확신하고 있습니다.

사랑하는 경남정보대학교 가족 여러분,
새학기가 시작되었습니다. 우리 학생들을 따뜻하게 맞읍시다. 우리가 하는 모든 일은 시작도 학생이고, 끝도 학생입니다. 학생들은 스승의 얼굴을 바라보며 무언가를 끊임없이 바라고 있을 것입니다. 그들에게 한 발짝 더 다가간다면, 그들 하나하나의 바람이 선명하게 보일 것입니다. 이번 학기 총장으로서 구성원들에게 드리고 싶은 화두는 바로 '공감(共感)'입니다.

　　공감은 신기한 능력을 발휘하는 감정입니다. 스승과 제자 사이를 찰떡처럼 만드는 감정인 동시에 위기를 기회로 만드는 감정입니다. 구성원들 사이 공감이 없다면, 그 조직은 미래가 없다는 의미입니다.

　　한 가지 더 말씀을 드리면, 올해 동서대학교가 개교 30주년을, 부산디지털대학교가 개교 20주년을 맞이했습니다. 9월 6일, 동서대학교가 '개교 30주년 기념식'을 갖습니다. 함께 기뻐하고, 축하해 주시면 고맙겠습니다. 이 또한 가족으로서 느끼는 공감이 아닐까 합니다.

　　이번 학기는 입시와 취업이 몰려있는 시기라 아무리 조심해서 레터를 써도 '총장 잔소리'로 들릴 것 같아 걱정입니다.^^ 그래도 모두가 공감할 수 있는 이슈가 있으면 자주 소식 전하겠습니다.

올해는 추석 명절이 빨리 찾아왔습니다.

한가위 보름달처럼 풍성함과 넉넉함이 교수님과 직원 선생님, 그리고 모든 가정에 가득하길 기원합니다. 우리 모두에게 좋은 일만 있기를 하나님께 늘 기도드리겠습니다.

사랑합니다. (2022. 9. 5)

17. 학령인구 감소시대, 대학의 위기

이번 주가 시작하자마자 또 한 차례 태풍이 부산을 스쳐 갔습니다.

여러분의 가정에는 태풍의 피해가 없었는지 모르겠습니다.

다행히 학교 시설은 큰 영향 없이 새로운 한 주를 시작합니다.

며칠 전 통계청이 '세계와 한국의 인구현황 및 전망'이라는 보고서를 발표했다는 기사를 읽었습니다. 보고서에 따르면 한국의 인구는 올해 5,162만 명에서 2070년 3,765만 명으로 줄어들게 됩니다. 약 50년간 27.1%의 인구가 사라지는 셈입니다. 남은 인구마저도 대부분은 노인 인구입니다. 2070년 한국은 고령인구(65세 이상) 비중이 46.4%로 '세계에서 가장 늙은 나라'가 될 것이라고 합니다. 새삼스러운 내용이 아님에도 불구하고 기사를 접하는 제 마음이 무거워졌습니다.

인구의 대전환은 우리 사회 정치, 경제, 사회, 환경, 교육 등 모든 분야에서 커다란 영향을 불러오고 있습니다. 현대 사회의 문제로 손꼽히는 저출산과 이로 인한 인구감소, 고령화 사회 진입은 이제 우리에게 피할 수 없는 거대한 파도로 다가오고 있습니다.

　아시다시피 학령인구 감소 역시 이 같은 전환기에 우리가 직면해야 하는 문제입니다.

　이미 여러분은 대학 정원과 지원자의 숫자가 역전된 어려운 입시 상황에서 우리 대학의 위상과 미래를 지켜내기 위해 고군분투하고 계시다는 것을 잘 알고 있습니다. 대학의 경영을 책임지고 있는 총장으로서 항상 깊이 감사하고 또 충분한 지원을 해드리지 못하는 것 같아 죄송한 마음입니다.

　대학 서열화, 수도권 중심주의가 뿌리 깊은 우리 사회에서 지방대학, 또 전문대학 이라는 핸디캡을 안고 있는 우리 대학이 매년 우수한 입시 성적을 기록하고 있는 것은 전적으로 여러분들의 노고가 있었기 때문이라고 생각합니다. 대학을 사랑하고 교육에 대한 열정을 가진 여러분이야말로 우리 대학이 가진 가장 소중한 자산임을 부인할 수 없습니다.

하지만 우리의 이러한 노력에도 불구하고 갈수록 부산지역 대학들의 입시 상황은 어려워지고 있습니다. 지난 17일 마감한 부산지역 일반대학의 수시모집 지원 결과를 보면 부산지역 11개 일반대학 가운데 부산대를 비롯한 7개 대학이 지난해에 비해 낮아진 경쟁률을 보였습니다.

며칠 전 교육부가 발표한 대학적정규모화 계획에서도 전체 대학의 입학정원 감축 인원(1만 6197명) 중 수도권 대학은 12.1%에 불과한 반면 지방대는 87.9%를 차지했다는 소식도 들립니다.

이 대학들 또한 노력을 게을리하지는 않았을 것인데도 불구하고 매년 이러한 하향 추세가 가팔라지고 있다는 사실은 인구 대전환의 시대에 대학들에게 보다 근본적인 고민을 요구하고 있는 것을 말하고 있습니다.

우리 KIT도 이러한 패러다임의 변화에 뒤처지지 않도록 대비가 필요한 시기인 것은 분명해 보입니다. 저부터 보다 깊이 고민하고 한 발짝 더 움직이는 총장이 되겠습니다. 그래서 우리 대학의 미래 먹거리를 만들도록 최선을 다하겠습니다. 여러분도 지금 보여주고 계시는 열정과 노력 변함없이 지켜주시길 간곡히 당부드립니다.

특히 수시전형이 시작된 지 일주일이 지났습니다만, 지난해보다 지원율이 많이 낮은 상태입니다. 우리도 어느 정도 예상은 했지 않았습니까. 그래서 여러 가지 방편도 만들어보고, 예년보다 더 열심히 노력하고 있는데도 불구하고 이러한 추세로 간다면 올해 입시도 많은 어려움이 예상됩니다. 입시에서의 성패가 대학의 다른 모든 지표에 가장 큰 영향을 미치고, 수시전형의 성패가 전체 입시를 좌우한다는 것은 주지의 사실입니다.

전국 최고의 전문대학이라는 자부심, 우리의 일터를 지키기 위해서는 총장으로서 여러분의 역량을 모아달라고 간곡히 부탁드릴 수밖에 없습니다. 지난 교무회의 때 본부에서는 '수험생 전담 교수제'와 '온라인 메신저 학과 입시상담 방안'도 제시했습니다. 일부 부족하고 번거로운 점도 있으실 겁니다. 하지만 이러한 방법들이 입시에 조금이라도 도움이 된다면 잘 활용하셔서 정착될 수 있도록 부탁드립니다.

다행히 우리 대학은 지난 2주 동안에도 눈에 띄는 성과를 이뤄냈습니다.

우선 우리 대학은 전문대학 6곳과 '디지털 혁신공유대학 사업을 위한 상호교류와 협력에 관한 업무협약'을 체결했습니다. 디지털 혁신공유대학 사업은 대학별로 흩어져있는 신기술분야 자원을 공동으로 활용해 공유대학 체계를 구축하고 신기술 분야의 핵심 인재를 양성하는 사업입니다.

여기에는 우리 대학(에너지신산업)를 비롯해 △경기과학기술대(빅데이터) △계원예술대(실감미디어) △대림대(미래자동차) △영진전문대(인공지능, 지능형로봇) △원광보건대(바이오헬스) △조선이공대(차세대반도체) 등 7개 대학이 참여했습니다.

참여대학들은 이번 협약을 계기로 △디지털 신기술분야 인재양성을 위한 공유 및 협력 △학점 및 교과목 교류 △비교과 프로그램 교류 및 운영 공유 △교육 기자재 공동활용 △워크샵 공동 개최 등 포괄적 협력체계를 구축하기로 했습니다.

지난 13일에는 BNK금융그룹과 부산지역 인재육성 프로젝트를 가동하기로 합의했습니다.

특히 BNK금융그룹 김지완 회장 등 그룹 주요 임원진이 우리 대학을 직접 방문해 평생교육시대를 맞아 BNK금융그룹 내 직원 재교육을 위한 별도반 개설, 학생들의 현장실습 및 견학, 졸업생 취업연계 등 부산지역 인재양성을 위한 다양한 프로젝트들을 함께 할 것을 약속했습니다.

태풍이 지나고 나니 완연한 가을 하늘입니다.

입시와 관련한 부탁 말씀으로 글이 길어져 버렸습니다.

가뜩이나 고생하고 계시는 교직원 여러분께 또 한 번 짐을 지우는 것 같아 마음이 편치 않습니다. 저도 열심히 뛰겠습니다. 우리 교수님, 직원 선생님들과 함께 이 전환기의 파도를 슬기롭게 극복하고 이 높고 푸른 하늘처럼 대학의 밝은 미래를 이야기할 수 있도록 최선을 다하겠습니다. 이번 한 주도 활기차게 시작하시길 기도드립니다. (2022. 9. 20)

18. 입시경쟁율 순위 상위권 달성

또 새로운 한 주가 시작되었습니다.

지난 주 금요일은 낮과 밤의 길이가 같아지고, 비로소 가을의 시작을 알린다는 추분(秋分)이었습니다. 아직 내리쬐는 햇볕은 따갑지만, 어느새 불어오는 바람은 시원해 가을이 성큼 다가왔음을 실감합니다.

태풍 난마돌이 비켜가고 난 뒤부터는 하늘도 더없이 푸르고 높아 보이네요.

이 푸른 가을 하늘 구름처럼 여러분 모든 가정에 풍성하고 멋진 결실이 있기를 기원합니다.

가을을 맞이하며 계절의 변화가 반갑기도 하지만 사람들은 또 새로운 계절을 맞을 준비를 해야 합니다. 변화무쌍한 계절의 변화를 슬기롭게 극복해야하는 과제를 짊어지는 셈입니다.

우리가 지금 처한 현실이 이와 비슷한 것 같습니다.

우리 대학의 새 가족이 될 신입생들을 잘 가르쳐서 어엿한 사회인으로 성장시키겠다는 희망을 준비하면서도 한편으로는 인구 절벽의 시대에 가르칠 제자들을 찾기 위해 동분서주해야 하는 현실이 눈앞에 있기 때문입니다.

그래서 요즘 여러분을 보면 총장으로서 가을 하늘을 만끽해보시라고 권하기도 송구할 정도입니다.

부산 울산 경남 지역 구석구석, 고등학교로, 학원으로, 기업체로 지원자를 찾아 나서는 교직원 여러분을 지켜보면서 한 분 한 분 앞에 서서 머리 숙여 감사의 말씀을 드리고 싶은 마음입니다.

하지만 여러분의 지금까지 보여주신 이 같은 노력이 헛되지는 않았습니다.

지난 주 중반부터 지원자가 조금씩 증가추세로 바뀌면서 오늘 아침 8시 현재, 지원자 수 6,513명, 경쟁률 1:80을 넘어서게 되었습니다. 전국의 전문대학과 비교해서도 상위권의 경쟁률을 유지하고 있습니다.

또 지난 23일과 24일 벡스코에서 열린 '전문대학입학정보박람회'에서는 모두 239건의 지원 접수를 받았습니다. 지난해 박람회에서의 지원 건수가 100여건이었던데 비하면 배가 넘는 결과입니다. 이 모두가 여러분의 희생과 눈물겨운 노력 덕분입니다.

아직 갈 길은 많이 남아 있습니다. 지난해 최종 경쟁률인 8.29:1에 이르려면 지금보다 좀 더 노력하고 한 걸음 더 나아가야 하겠습니다.

지금까지 여러분이 이뤄놓으신 성과를 바탕으로 용기를 잃지

않고 한 걸음 한 걸음 나아간다면 우리가 목표했던 고지에 다다를 것이라고 믿어 의심치 않습니다.

　우리 조상들은 추분에 부는 바람을 보고 이듬해 농사를 예측했다고 합니다. 이날 건조한 바람이 불면 다음 해 대풍이 든다고 생각했다는군요.

　지난 추분 날 아침 출근길에 맞는 바람은 아주 상쾌하고 보송보송했습니다.

　우리가 지금처럼 힘을 모아 열심히 노력한다면 내년에는 풍성한 한 해를 보낼 수 있으리라 확신합니다. 저 역시 여러분의 노력이 열매를 맺을 수 있도록 함께 최선을 다하겠습니다.

　행복한 한주가 되시길 기도드립니다. (2022. 9. 27)

19. 솔선수범하는 교수진의 애정어린 교육

수시 1차 모집 마감이 목전이다 보니 연휴 기간에도 여러분 마음이 편하지 못하셨을 것 같다는 생각을 해봅니다. 그러고 보니 시간이 빠르게도 흘러서 이제 수시 1차 마감을 사흘 남겨두고 있습니다. 오늘 아침 8시 현재 우리 대학의 지원율은 5.14대 1, 지원자 수는 9800명을 넘어섰습니다. 지난해 대비 비율로는 0.15% 모자라지만 현재 전국의 입시 상황으로 본다면 상당히 선전하고 있다고 볼 수 있습니다.

고등학교 입시부장 선생님들과 입시홍보를 하면서 식사를 하다 보면 공통된 이야기가 있습니다. '학생들에게 교수님들이 애정을 가지고 지도하고 솔선수범하는 것이 KIT만이 가진 강점'이라는 칭찬입니다. 이런 얘기를 들을 때면 저도 모르게 어깨가 으쓱해지는 것을 감출 수가 없습니다. 전대미문의 어려운 입시 환경 속에서도 마지막까지 최선을 다해주고 계시는 우리 교수, 직원 선생님들에게 머리 숙여 감사의 말씀 드립니다.

힘들더라도 용기 잃지 마십시오. 여러분의 노력이 헛되지 않도록 총장으로서 해야 할 임무 또한 게을리하지 않을 것을 약속드립니다.

　어려운 입시 환경 속에서 여러분이 동분서주할 동안에도 우리 대학은 다가올 미래, 새로운 교육의 기틀을 세우고자 힘차게 움직였습니다.

　우선 지난 28일 우리 대학은 사상구청과 컨소시엄을 맺고 교육부가 주관하는 '고등직업교육거점지구 사업(HiVE사업)'의 성공적인 수행과 지방자치단체, 참여기관, 지역공동체 간의 협업 파트너십 조성을 위한 공유·협력 간담회에 참석했습니다.

　부산롯데호텔에서 열린 이날 행사에는 조병길 사상구청장, 이영활 부산상공회의소 상근부회장, 이정림 사상기업발전협의회 회장, 손영수 사상문화원 원장 등 기관장들과 함께 제가 고등직업교

육혁신위원회 공동위원장의 자격으로 참석해 성공적인 사업 수
행을 위한 특화분야 고도화 방안과 지역 전문인력 양성 방향 등에
대해 논의했습니다.

27일에는 보건의료행정과가 아트홀에서 '2022 Job
Conference'를 개최했습니다.

이날 컨퍼런스에는 보건의료행정과 2학년 학생 50여 명과 부
산예한방병원·연세척병원·김해복음병원 등 현직 병원 관리자들이
참석했습니다.

학생들은 현장실습, 취업 준비 과정 등에 대해 발표하고 일선
병원에서 일하는 관리자들과 병원 취업과 관련한 다양한 대화를
나누며 뜻깊은 시간을 보냈습니다.

30일에는 에너지신산업 혁신공유대학 사업단 회의가 우리 대학
에서 개최했습니다. 서울대학교 고려대학교 전북대학교 부산대학
교 등 우리 대학과 함께 사업을 펼친 대학들입니다.

또 우리 대학의 '취업보장 주문식교육'이 탁월한 성과를 내고
있다는 기사가 각 언론에서 주목을 받기도 했습니다.

특히 K뷰티학과가 대표사례로 소개되었습니다.

우리 K뷰티학과는 지난해 글로벌 코스메틱 기업 '에스티로더
컴퍼니'와의 주문식교육 협약으로 참여 학생 전원 취업한 바 있습
니다. 참여했던 학생들은 서울, 부산, 경기 분당 등 전국에 걸쳐 근
무 중이고 현재 교육 중인 학생도 조기 취업이 확정되는 성과를
거뒀습니다.

이밖에 지난 주말에는 '디지텍(DigiTect)고등직업교육협의회 실무자 회의'가 민석기념관 대회의실에서 이틀간 열리는 등 우리 대학은 지난 한 주 동안에도 쉼 없이 달려왔습니다.

또한 간호학과를 중심으로 우리 학생들에게 외부 장학금도 줄을 잇고 있습니다.

이 모든 것은 우리 구성원들이 곳곳에서 이처럼 남다른 열정으로 매진하고 있다는 증거이고,

수고를 아끼지 않는 모든 분들께 감사드립니다.

미래형 대학으로 가는 우리 경남정보대학교와 여러분의 삶이 반석 위에 우뚝 서게 될 것이라 기대합니다. 이번 한 주도 희망차고 즐거운 시간이 되시길 간절히 기도드립니다. (2022. 10. 4)

20. 2023년도 수시 경쟁률 6.96대1

2023학년도 수시1차 모집이 어제 자정을 기해 마무리되었습니다. 어느 때보다 힘든 상황에서 전쟁같은 입시를 치른 모든 교직원 여러분께 진심으로 감사 인사드립니다.

KIT가족 모두의 노력으로 경쟁률은 정원 내 기준 6.96대1을 기록했습니다.

정원 내 1,714명 모집에 1만1,935명, 정원 외 1,297명 등 모두 1만3,232명이 우리 대학을 선택했습니다. 부산 지역 전문대학 가운데 가장 많은 인원입니다.

우리 대학만이 가진 저력과 전통, 단합된 힘을 새삼 확인할 수 있었습니다.

이제 그 어느 때보다 지원자를 관리하는 방법과 노력이 중요한 때인 것 같습니다.

모두 힘들고 바쁘시겠지만 이번 지원자들이 합격 후 최종 등록을 통해 우리 대학의 새 가족으로 입학할 수 있도록 만전을 기해 주시길 간곡히 부탁드립니다.

작금의 입시 환경은 저 역시 때로는 당황스럽고 때로는 놀라울

정도입니다. 하지만 한 명의 학생이라도 더 모집하기 위해 백방으로 노력하시는 교수님과 직원 선생님들을 보면서 큰 위안과 용기를 얻었습니다.

수업과 행정업무의 속에서도 입시홍보와 학생상담, 학과설명회, 전공체험행사 등 바쁜 입시 일정에 노고를 아끼지 않은 우리 교직원 여러분 정말 수고 많으셨습니다. 다시 한번 고개 숙여 감사의 말씀을 드립니다.

내일부터 한글날 연휴입니다. 그동안 지고 있던 입시에 대한 부담감 잠시나마 내려놓으시고 가족과 함께 무르익어가는 가을의 정취를 만끽하시길 빌겠습니다. (2022. 10. 7)

21. 유학생 유치 확대와 평생교육 강화에 집중하겠습니다

아침저녁 차가운 기운이 벌써 쌀쌀하게 느껴집니다. 그러고 보니 벌써 달력이 몇 장 남지 않았네요. 시간이 우리에게 여유를 허락하지 않는 것 같아 야속하게 느껴지기도 하는 계절입니다. 벌써 감기 걸리신 분들도 눈에 띕니다. 항상 건강 유의하시기 바랍니다.

지난주 금요일 학과장님들과 본부 보직자들이 모여 확대교무회의를 진행했습니다.

주된 의제는 이번 수시 1차를 통해 지원한 학생들을 어떻게 하면 등록으로 이어지게 할 수 있을까? 라는 고민이었습니다. 각 학과의 지원자관리 진행 상황과 목소리를 듣다 보니 회의시간이 2시간 반이나 지나버렸습니다.

모든 학과와 행정부서에서 너무나 큰 수고를 해주시는 것을 눈으로 확인하니 새삼 너무 고맙고 죄송한 마음이었습니다. 지난 토요일 있었던 면접고사에도 많은 교직원들이 아침 일찍부터 출근해 하루종일 애를 써주셨습니다. 감사합니다.

경남정보대학교 총장으로서 처음으로 입시를 치르면서 저는 그

어느 때보다 자신감을 얻었습니다. "이렇게 학과에서, 그리고 구성원들이 열심히 해준다면 어떤 어려움도 이겨낼 수 있겠다"는 믿음이 생겼기 때문입니다.

지원 마감 결과 역시 전국의 어느 전문대보다도 높은 경쟁률을 기록하면서 가지게 된 자부심 덕분에 어떤 어려움도 이겨낼 수 있을 것 같았습니다.

사랑하는 KIT 가족 여러분.

이제부터는 일반대, 전문대 할 것 없이 등록률을 올리는 데 사활을 걸 것으로 보입니다. 지금까지도 잘해주셨지만, 우리 대학이 이번 2023학년도 입시에서도 유종의 미를 거둘 수 있도록 남은 기간 최선을 다해주시기를 바랍니다.

저도 총장으로서 누구보다도 열심히 뛸 각오입니다.

오는 21일에는 베트남을 방문합니다. 교육부총리 겸 교육부 장관의 초청으로 출국해 그곳 응엔짜이 대학과 하노이국제전문대학, 바우손그룹, 호아빈대학, 베·한기술전문대학을 방문해 유학생 유치와 관련한 MOU를 체결할 예정입니다.

학령인구가 급감하는 상황에서는 입시의 패러다임도 바뀌어야 할 것 같습니다. 유학생을 과감히 유치하고, 평생교육을 강화해 대학의 새로운 먹거리를 창출할 수 있도록 기반을 다질 각오입니다. KIT 가족 여러분의 많은 도움과 적극적인 참여가 필요합니다. 지혜를 모아주시길 간곡히 부탁드립니다.

지난주에도 우리 대학은 쉴 틈 없이 역동적으로 움직였습니다.

반도체과와 전자과 전기과 기계계열 등 첨단미래학부 학생 29명이 지난 4일 서울 코엑스에서 열린 제24회 반도체대전(SEDEX 2022)을 참관하고 산업현장을 견학했습니다.

반도체는 대표적 신산업분야입니다만 심각한 인력난을 겪고 있다는 것은 주지의 사실입니다.

특히 이러한 산업이 발전하기 위해서는 핵심기술 분야 연구개발(R&D)을 위한 석·박사급 인력뿐 아니라 생산·설비 및 유지·보수를 위한 초·중급 인력 등도 필요합니다.

수준별로 균형적인 인력 수급을 위해 전문대의 역할이 중요한 이유가 여기에 있습니다.

우리가 이렇게 준비를 잘하고 있고 교육부와 산업계의 높은 관심과 지원 그리고 참여가 더해진다면 머지않아 풍성한 결실을 이뤄낼 것이라 믿습니다.

헤어디자인과도 지난 4일과 5일 이틀에 걸쳐 서울 서초 aT센터에서 열린 준오헤어 컬렉션쇼를 비롯해 아이디헤어, 리챠드프로헤어 등 유명 미용브랜드 현장체험을 위한 단체견학을 했습니다. 유명 브랜드들의 현장을 직접 방문하는 것은 학생들의 실무 역량 강화를 위해서도 아주 좋은 경험 이라고 생각합니다. 수고 많으셨습니다.

저는 베트남 방문으로 일주일 정도 학교를 비우게 될 것 같습니다. 베트남 방문의 결과물들은 소상히 정리해서 모든 우리 KIT 가족들이 공유하도록 하겠습니다.

건강을 잃으면 모든 것을 잃는다는 말이 있지 않습니까. 환절기 건강 각별히 유의하시고 힘찬 한 주 되시길 기도드립니다. (2022. 10. 18)

22. 베트남 대학들과 교류협력 추진

11월의 첫날입니다. 그동안 편안히 보내셨는지요. 깊어가는 가을에 날씨도 화창해 활기차게 시작해야할 화요일인데 며칠 전 서울 이태원에서 발생한 대형사고로 인해 마음이 너무나 아픕니다. 희생자들의 명복을 빕니다. 우리 KIT 구성원 여러분 항상 안전과 건강 각별히 신경써주시기 바랍니다. 또 지도하는 학생들에게도 안전의 중요성 다시 한번 강조해주시길 당부드립니다.

이제 자율중간고사기간도 지나고 어느덧 2022학년도 2학기도 반환점을 돌았습니다.

지난 주 금요일 열린 전체 확대교무회의에는 전 교수님들이 참석해주셨습니다. 저로서는 개강 이후 처음 얼굴을 뵙는지라 무척 반갑고 고마웠습니다만 본의 아니게 번거롭고 귀찮게 해드린 것 아닌가 걱정도 됐습니다. 하지만 어려운 입시상황을 극복하고 우리 모두 혼연일체가 되기 위해 마련한 자리인만큼 너그럽게 이해해해주시면 감사하겠습니다.

저는 여러분께 말씀드린대로 지난 23일부터 27일까지 베트남 하노이를 방문했습니다.

그 곳에서 응엔짜이대학, 하노이국제전문대학, 호아빈대학, 박하기술전문대학, 베·한기술전문대 등 5개 대학과 협약을 체결했습니다.

또 24일에는 베트남 교육훈련부 응우엔반푹(Nguyen Van Phuc) 차관을 만나 한·베트남 교육교류 협력 증진 방안과 함께 우리 대학 베트남 유학생 유치에 대해 논의했습니다.

이 자리에서 응우엔반푹 베트남 교육훈련부 차관은 "베트남 교육훈련부가 할 수 있는 최대한의 지원을 아끼지 않겠다"며 "한국과 베트남 교육 협력에 큰 관심을 가지고 경남정보대와 함께 더 폭넓게 협력해 나갈 수 있기를 희망한다"고 의지를 밝혀주었습니다.

이번 출장을 통해 저는 우선 올해 겨울부터 베트남 유학생 60명을 시작으로 향후 1,000명 규모의 유학생 프로그램을 운영하고자 합니다. 이 같은 목표를 달성해 저출산 시대를 극복할 우리 대학의 먹거리를 만들고 글로벌 캠퍼스로의 도약을 준비하려고 합니다.

쉽지 않은 목표이지만 꼭 이룰 수 있도록 최선을 다하겠습니다. 무엇보다 교직원 여러분들의 성원과 적극적인 협조가 필요합니다. Only & Totally Different라는 KIT경남정보대학교의 저력을 확인할 수 있는 계기가 될 것이라 확신합니다.

제가 베트남에 가 있는 동안에도 우리 대학 구성원들은 곳곳에서 발군의 교육성과를 거두었습니다. 우선 환경조경디자인과 학생들이 부산광역시에서 주관하는 2022 부산조경정원박람회 손바닥정원콘테스트, '부산, 하늘을 담다'에 출품해 최우수상인 부산

광역시장상과 우수상인 부산조경협회장상을 수상했습니다.

또 치위생과는 26일 미래관 글로벌컨벤션홀에서 학과 교수 학생 내외빈 등이 참석한 가운데 '제18회 KIT 치과위생사 선서식 및 학술제'를 개최했습니다. 코로나19 팬데믹으로 어려운 환경 속에서도 3학년 90여명의 학생들이 모여 치과위생사로서의 사명감과 봉사정신을 새겼습니다. 유아교육과도 이달부터 시작하는 학교 현장실습을 앞두고 지난 27일 K-메디컬센터 아트홀에서 학과 교수진들과 1, 2학년 대학생들이 참석한 가운데 '좋은교사 다짐식'을 가졌습니다.

학생 한명 한명이 우리 KIT라는 둥지에서 교수님들의 훌륭함 가르침과 자신의 노력으로 성장해 이제 다양한 분야에서 우리 대학을 빛내주고 있습니다. '기업은 이익을, 대학은 인재를 남겨야 한다'는 단순한 진리를 새삼 되새겨봅니다. 정말 감사한 일입니다.

　사랑하는 KIT 가족 여러분,

　지난 28일 수시1차 최초합격자 발표가 있었습니다. 확대교무회의에서도 말씀드렸다시피 이제 각고의 노력이 없이는 대학의 지속성을 담보하기 어려운 처지가 되었습니다. 대학에 학생이 없다면 이렇게 사랑스러운 제자들을 가르치고 싶어도 가르칠 수 없는 최악의 상황에 놓이고 말것입니다.

　제가 총장으로서 믿는 것은 오로지 우리 KIT 가족여러분 뿐입니다. 유학생 유치와 성인학습자 발굴 등 확대교무회의에서 말씀드린 우리 대학 미래 먹거리 사업은 제가 꼭 실현시키도록 하겠습니다. 이 위기를 극복할 수 있도록 언제나 성원과 협조 부탁드립니다.

　이번 한 주도 건강하고 활기찬 하루 하루가 되시길 기도드립니다. (2022. 11. 1)

23. 11월의 기도

어디선가 도사리고 있던
황량한 가을 바람이 몰아치며
모든 걸 다 거두어가는
11월에는 외롭지 않은 사람도
괜히 마음이 스산해지는 계절입니다

11월엔 누구도
절망감에 몸을 떨지 않게 해 주십시오
가을 들녘이 황량해도
단지 가을 걷이를 끝내고
따뜻한 보금자리로 돌아가서
수확물이 그득한 곳간을 단속하는
풍요로운 농부의 마음이게 하여 주십시오

낮엔 낙엽이 쌓이는 길마다
낭만이 가득하고
밤이면 사람들이 사는 창문마다
따뜻한 불이 켜지게 하시고
지난 계절의 추억을 이야기하는

사랑의 대화 속에
평화로움만 넘치게 하여주소서

유리창을 흔드는 바람이야
머나먼 전설 속 나라에서 불어와
창문을 노크하는 동화인양 알게 하소서

사랑하는 KIT 가족 여러분.
지난 한 주 안녕하셨습니까.
벌써 11월 두 번째 주에 접어들었습니다.
겨울을 재촉하듯 하루가 다르게 기온도 떨어지고 사람들의 옷
매무새도 두꺼워지는 요즘입니다.

서두의 글은 이임영 시인의 '11월의 기도'라는 시입니다.

금년 한 해도 이제 얼마 남지 않다 보니 왠지 마음이 바빠지게
되었습니다.
11월이면 열심히 살아온 한 해를 되짚어보고 정직하고 겸손한
마음으로 12월을 기다려야 할 텐데요. 한 해를 결산하면 과연 어
떤 결과가 나올지 궁금하기도 하고 가슴 떨리기도 한 것이 솔직한
저의 심정인 것 같습니다.

시인도 이 11월을 무작정 긍정적으로 바라보기 어려웠나 봅니
다.

시인의 마음처럼 척박한 가운데에서도 절망하지 않고 풍작을 거둔 농부의 풍요로운 마음을

가질 수 있기를 기원합니다.

지난주에는 우리 군사학과 학생 4명이 육군3사관학교에 대거 합격하는 영광을 차지했습니다.

근년 들어서는 가장 많은 합격자입니다. 이들은 앞으로 3~4학년 사관생도 과정을 통해 일반학사와 군사학사 복수전공 학위 수여 후, 졸업과 동시에 육군 소위로 임관하게 됩니다.

합격의 영예를 얻은 학생들이 우리 군의 중추로 성장하기를 바라봅니다.

지도해주신 군사학과 정유지 학과장님을 비롯한 학과 교수님들께 감사드립니다.

또 금요일에는 우리 간호학과 학생 167명이 나이팅게일 선서식을 시작으로 간호사로서 첫발을 내딛었습니다. 나이팅게일 선서식은 우리 학생들이 나이팅게일의 숭고한 정신과 사명을 다짐하는 자리입니다. 이들의 앞날에 하나님의 은혜가 가득하길 기도드립니다.

수고해주신 박의정 학과장님을 비롯한 간호학과 교수님들께 진심으로 감사드립니다.

또한 지난 2일에는 IT빌딩 4층에서 약손명가홀 현판 제막식을 가졌습니다.

이 홀은 약손명가 이병철 회장께서 우리 대학에 후학 양성을 위해 그동안 성원해주신 뜻을 기려 조성한 것입니다.

앞으로도 기업체 주문식교육 등 프로그램을 통해서 캠퍼스 곳

곳에 기부자 분들의 뜻을 담은 이러한 홀을 조성함으로써 산·학 협력 관계를 돈독히 하고 우리 학생들에게 취업의 길로 자연스럽게 안내할 생각입니다.

　저는 총장으로 재임하는 동안 입학이 곧 취업인 대학, 전국 최고의 전문대학이라는 우리 경남정보대학교의 위상이 유지되고, 100년 대학으로 굳건히 자리 잡을 수 있도록 최선을 다할 생각입니다. 다양하고 구체적인 사업들을 차근차근 추진해 나감으로써 반드시 현실화해낼 것입니다. 항상 든든하게 뒷받침 해주시는 우리 KIT 가족들의 적극적인 협조와 격려가 그 어느 때보다 필요합니다.

　어제(7일)부터는 수시2차모집 원서접수 기간이 시작되었습니다. 　힘들고 불안한 시기이지만 서로를 믿고, 힘차고 행복한 한 주가 되시길 기도드립니다. (2022. 11. 8)

24. 동서학원 가족 연합예배

여호와께 감사하라

그는 선하시며 그 인자하심이 영원함이로다

신들 중에 뛰어난 하나님께 감사하라

그 인자하심이 영원함이로다

주들 중에 뛰어난 주께 감사하라

그 인자하심이 영원함이로다

홀로 큰 기이한 일들을 행하시는 이에게 감사하라

그 인자하심이 영원함이로다

모든 육체에게 먹을 것을 주신 이에게 감사하라

그 인자하심이 영원함이로다

하늘의 하나님께 감사하라

그 인자하심이 영원함이로다

시편136,1~4 25~26절의 말씀입니다.

사랑하는 KIT 경남정보대학교 가족 여러분.

한 주간동안 안녕하셨습니까.

'작은 일에 충성한 자야, 네 상이 큼이라'라는 마태복음 25장 21절 말씀으로 시작한 2022년도 이제 차곡차곡 마무리하는 과정입니다.

지난 토요일 대학교회에서는 우리 동서학원 가족들이 모두 모여 연합 감사 예배를 드렸습니다. 은혜로교회 김은태 목사님의 '이름값 하시는 하나님'이라는 주제로 설교 말씀이 있었습니다. 큰 은혜가 되었습니다.

다들 아시겠지만 이번 행사는 우리 KIT 주최였습니다.

행사에 만전을 기한다고 최선을 다했지만 부족한 점은 없었는지 다시금 점검해 보고 있습니다. 한 해 동안 받은 은혜에 감사드리고, 동서학원 가족들의 정을 서로 나누는 이번 행사에 많이 참석해 주신 KIT 가족 여러분 감사드립니다.

오늘 아침 8시 현재 수시2차 경쟁률이 학과별로 차이는 있지만 8.7대 1의 경쟁률을 나타내고 있습니다. 우리 대학 구성원 모두가 혼신의 힘을 다해 노력해주고 계시지만 지난해에 비해서는 조금 낮은 경쟁률입니다.

21일 월요일까지 이제 딱 6일 남았습니다.

힘들고 어려운 상황이겠지만 마지막까지 최선을 다해 주시길 부탁드립니다.

취업률 마감도 얼마 남지 않았습니다.

우리가 목표한 것보다 조금 부족합니다.

이번 주는 총장 주재로 아침 일찍부터 취업률 향상 방안에 대해 각 학과 교수님들과 티타임을 하면서 토론하고 의논하고 있습니다. 이른 아침 참석해주신 교수님들께 미안하고 한편으로는 고맙게 생각합니다. 강의 준비와 학생지도로 피곤하시겠지만 우리 제자들을 위한 일이라 생각하고 기쁜 마음으로 참석해주시면 고맙겠습니다.

지난 8일 우리 대학 반도체/디스플레이공정 실습실에서는 연암 공과대학교 반도체 트랙 참여 학생 20여 명을 대상으로 반도체 공정실습 교육이 있었습니다.

연암공과대학교 요청으로 이뤄진 이번 교육은 올해 신설과 동시에 교육부 신산업분야 특화 선도전문대학 지원사업에 선정된 반도체과의 첨단장비와 우수한 교수진을 활용해 배움을 나누는 좋은 사례가 될 것으로 여겨집니다. 지도해주신 반도체과 임준우 단장님을 비롯해 학과 교수님들께 감사드립니다.

또 휴일도 마다하고 만학도들을 초청하여 즐거운 시간을 보내며 함께해준 사회복지과 조윤득 학과장님을 비롯한 학과 교수님들께 감사드립니다.

이번 학기도 얼마 남지 않았습니다.

외부 환경이 급변하다 보니 많은 노력을 기울이고 있음에도 불구하고 한 해를 마무리하는 시점에서 입시와 취업 상황이 녹록지 않습니다. 하지만 경남정보대학교 구성원들의 저력을 발휘한다면 우리 앞에 놓인 파도를 슬기롭게 극복할 수 있을 것이라고 믿고 있습니다.

지금까지 보여주신 열의와 정성에 감사드리며 올해 표어처럼 고난과 역경을 이겨내고 작고 사소한 일에서부터 충성을 다하는 경남정보대학교 가족 여러분 되시길 기도드립니다.

행복한 한 주 되십시오. (2022. 11. 15.)

25. KIT 졸업생들의 눈부신 활약상

캠퍼스에 뒹굴던 낙엽도 어느새 하나하나 자취를 감추어 겨울의 느낌을 부쩍 느끼게 되는 11월 넷째 주입니다. 바람도 차가워지는데 만 3년째로 접어드는 코로나19 신규 확진자는 5만~7만 명대로 다시 늘고 있습니다. 건강한 겨울을 위해 어느 때보다 개인 방역에 유의해야겠습니다.

어제 수시 2차 모집을 마감했습니다.

우리 KIT 가족들의 열정과 헌신 덕분에 17.8대 1의 경쟁률을 달성했습니다. 특히 물리치료과는 무려 107.5대 1의 경쟁률을 기록했습니다. 수고해주신 입시관리처장님을 비롯한 입시관리처 가족, 그리고 모든 교수님과 직원 선생님들께 진심으로 감사드립니다.

이제 12월 29일부터는 정시 모집이 시작됩니다.

보다 많은 학생들이 지원할 수 있도록 마지막까지 최선의 노력을 기울여야겠지만, 이제 그보다 가장 중요한 것은 지원한 학생들의 등록률을 높이는 것입니다. 어려운 상황에서도 우리 대학에 관심을 가지고 선택을 해준 학생들입니다.

이들이 KIT의 울타리 안에서 훌륭한 인격체로 성장해 사회로 진출할 수 있도록 우리가 든든한 후원자 역할을 하기 위해서는 보

다 많은 학생들이 우리 대학에 입학해야겠습니다. 지금까지도 너무나 수고해주고 계시지만 모두 한마음으로 마지막 입시까지 최선을 다해주시길 간곡히 부탁드립니다.

    지난주 우리 대학에는 반가운 소식들이 많이 전해졌는데요.
    특히 졸업생과 재학생들의 활약이 두드러졌습니다. 간호학과를 졸업한 정대희 졸업생은 미국의 존스홉킨스대학 부속병원(The Johns Hopkins hospital)에 합격하였습니다. 존스홉킨스대학은 연구 중심의 명문 사립대학으로 의대가 특히 유명하고 부속병원은 설립 110년이 넘는 미국의 메이저 병원입니다. 지도해주신 박의정 학과장님을 비롯한 간호학과 교수님들께 진심으로 감사드립니다.

57년의 역사를 가진 우리 대학 졸업생들이 오대양 육대주를 넘나들며 모교의 정신을 마음껏 펼칠 수 있길 기도드립니다.

또 건축디자인과 장우혁(2년) 학생은 전국 건축공모전인 제25회 울산광역시 건축대전에서 우수상을 수상했습니다. 전국의 많은 5년제 건축학과 학생들과 당당히 겨뤄서 얻은 값진 결과입니다. 지도해주신 윤정근 교수님과 학과 교수님들 수고 많으셨습니다.

15일에는 우리 대학을 포함한 부산권 13개 대학 LINC3.0사업단과 부산테크노파크가 부산시티호텔에서 '부산권 파워 반도체 인재 양성 공유대학 업무협약'을 체결했습니다. 부산지역 13개 대학 LINC3.0사업단과 부산테크노파크가 공동으로 운영하는 '부산권 파워 반도체 인재 양성 공유대학'이 출범하게 된 셈입니다.

이날 행사에는 박형준 부산시장과 서병수 국회의원, 교육부, 한국연구재단, 부산테크노파크, 13개 참여대학 총장, 부산 지역 파워 반도체 기업 관계자 등 100여 명이 참석해 부산의 미래 반도체 경쟁력 강화 비전과 전략을 공유했습니다. 앞으로 우리 대학을 비롯한 부산지역 대학들의 인프라를 활용한 기업 맞춤형 교육과정을 개발하고 R&D 활성화를 우리 대학이 선두에서 적극적으로 추진해 나갈 계획입니다.

우리 학생과 대학의 역량을 키워나갈 협약도 잇따라 체결했습니다.

우선 17일 해민중공업과 산업발전 기술협력 및 학생 역량강화를 위한 업무협약을 체결했습니다. 해민중공업은 친환경 알루미늄 선박 분야에서 세계 수준의 기술과 경쟁력을 자랑하는 기업입니다.

같은 날 재외미디어연합과 해외를 대상으로 한 프로그램 개발을 위한 협약도 맺었습니다. 협약서에는 한국어 교육과정 및 교재 공동개발, 재학생 해외현장연수·해외인턴십 운영, 해외홍보 협력, 유학생 유치, 취업연계 및 각종 교육프로그램 운영 등의 내용이 담겼습니다.

15일에는 부산광역시 16개 구·군 진로교육지원센터와 함께 진로교육 및 선 취업 후 진학 교육모델 활성화를 위한 업무협약식을 개최했습니다. 이번 협약으로 진행하게 될 다양한 프로그램을 통해 우리 대학은 물론 부산지역 학생들의 역량을 키우고 실무 중심의 인재로 양성하는데 많은 노력을 기울일 생각입니다.

사랑하는 KIT 가족 여러분.

우리 경남정보대학교는 이처럼 어떤 어려운 상황에서도 여러분들의 노력으로 오늘도 굳건하게

새 역사를 차곡차곡 쌓아가고 있습니다.

항상 열정과 자부심을 가지고 일하실 수 있도록 저 역시 최선을 다하겠습니다.

이번 주도 건강하고 활기 가득한 한 주 되시길 기도드립니다.

저는 오늘 기획 부총장과 함께, 서울 출장 관계로 부득이하게 채플에 참석하지 못합니다.

큰 은혜 받는 시간 되시길 기도드립니다. (2022. 11. 22)

26. 역사와 전통을 만들어 온 **벽돌 한장**

　이제 하루만 지나면 12월입니다. 총장 취임 이후 지난 10개월이 어떻게 지나왔는지도 모를 정도로 정신없이 보낸 것 같은데 어느덧 한 해를 마무리해야 할 때인 것 같습니다.

　하지만 우리 학과 교수님들, 예년에 보기 어려운 입시환경의 변화로 큰 어려움을 겪고 계십니다. 우리 졸업생들의 취업도 큰 과제로 남아 있습니다. 밖으로는 얼마 전 서울에서 큰 사고가 일어나 많은 젊은이들이 목숨을 잃었고, 내년 경제도 더욱 어려워질 것이라는 어두운 전망입니다.

　요 며칠은 4년 만에 열리는 월드컵 열기로 거리가 모처럼 뜨겁게 달아오르고 있네요. 어젯밤에 열린 가나전 축구는 정말 아쉽고 아쉬운 경기였습니다.
　이래저래 안팎으로 많은 일들이 일어나고 있는 2022년 연말입니다. 벌써 내년도 2023년 캘린더가 선을 보이기 시작했습니다. 참으로 세월이 빠르다는 걸 실감하고 있습니다.

　오늘 내리고 있는 비가 그치고 나면 기온이 뚝 떨어진다고 합니다.

이제 본격적인 겨울로 접어드려나 봅니다. 코로나19도 연일 확산세입니다.

지난주 금요일 확대교무회의 때는 학과장님 몇 분이 코로나 확진으로 참석 못하셨습니다. 걱정이 됩니다. 몸과 마음이 움츠러드는 계절, 그래도 우리 KIT 가족들 어깨 쭉 펴시고, 건강에 유념하시면서 얼마 남지 않은 한 해를 잘 마무리하셨으면 합니다.

지난주 확대교무회의에서 현재 우리 대학이 놓인 상황에 대해 얘기하다 지난주 읽은 박정부 다이소 회장이 쓴 '천원을 경영하라'라는 책이 생각났습니다. 책을 읽으며 큰 감동을 받았습니다.

다이소는 균일가 생활용품 유통이라는 비즈니스 모델을 앞세워 우리 국민의 소비문화에 혁신을 가져온 주역이죠. 박 회장은 "천 원짜리 상품은 있지만 천 원짜리 품질은 없다. 싸기 때문에 품질이 나빠도 된다는 얘기는 통하지 않는다"고 말합니다. 또 "소위 말하는 성공이란, 화려하게 주목받는 며칠이 아니다. 남이 알아주지 않아도 아주 작은 것부터 끈기 있게 기본을 묵묵히 반복해온 순간들이 모여 이룬 결과"라고 강조합니다.

저는 이 책을 읽으며 우리 대학이 나아가야 할 방향을 생각해보았습니다.

우리 대학은 누가 뭐래도 대한민국을 대표하는 전문대학입니다. 이러한 성공은 단 며칠 만에 이룰 수 있는 것이 결코 아닙니다.

마치 만리장성이 벽돌 한 장에서 시작했듯, 57년을 이어온 전통으로 쌓아 올린 결과입니다.

설립자님과 이사장님의 헌신적인 열정과 기도를 비롯한 수많은 선배 교수 직원 선생님들이 작은 것부터 철저히 챙기면서 흘린 무수한 땀방울이 일궈낸 것입니다.

우리도 이제 이 어려운 시기를 극복하고 100년 대학으로 가는 기틀을 만들기 위한 사명과 책임을 물려받았습니다. 비록 남들이 알아주지 않을지는 몰라도 여러분이 지금까지 보여주신 열정과 의지는 역사와 전통을 만들어가는 소중한 벽돌 한 장이 될 것입니다.

〈시경〉에 '행백리자반구십(行百里者半九十)'이라는 구절이 있습니다.

"백리를 가는 사람은 구십 리를 가고서 반쯤 갔다고 여긴다"는 말입니다.

무슨 일이든 마무리가 중요하고 어렵다는 뜻이겠지요.

이제 2022년도 얼마 남지 않았습니다. 우리 대학의 내년 한 해 성과를 결정지을 입시와 취업도 거의 막바지에 다다르고 있습니다. 시간상으로는 거의 구십 리를 온 느낌인데 갈 길은 아직 멀어 보입니다.

이미 각 학과 교수님들과 직원 선생님들 다른 어느 대학보다도 열심히 해주고 계시지만, 이제 우리는 절반을 왔다는 마음으로 마무리에 임해주시면 정말 고맙겠습니다.

저도 같은 마음으로 안주하지 않고 좀 더 겸손하고 낮은 자세로 여러분의 노력을 뒷받침하는 데 최선을 다하겠습니다.

한 해를 마무리하는 시기에 여러분들에게 부담스러운 이야기를 해서 죄송합니다.

아무쪼록 함께하는 마음으로 이 어려운 시기를 극복하고 희망찬 새해를 맞기를 바라는 간절한 마음입니다. 갑작스러운 추위에 건강 각별히 유의하시고 남은 한 달 힘차게 시작하시길 기원합니다. (2022. 11. 29)

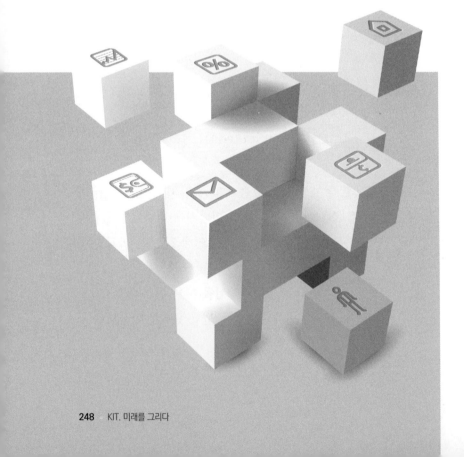

27. 장성만 설립자 소천 7주기

매서운 추위와 함께 2022년의 마지막 달이 시작되었습니다.

마침 오늘은 우리 동서학원 장성만 설립자님이 소천하신 지 7주기가 되는 날입니다.

설립자님이 학계와 기독교계, 정계에 새겨 놓으신 큰 족적은 아직도 우리 경남정보대학교를

비롯한 동서가족 뿐 아니라 대한민국의 많은 사람들의 기억 속에 남아 있습니다.

그래서인지 오늘따라 설립자님이 더욱 그립습니다.

그분의 말씀 하나하나가 겨울 아침의 찬 바람이 피부에 닿는 것처럼 생생하게 떠오릅니다.

이번 주 여러분에게 드리는 글은 설립자님 7주기를 맞아 제가 느낀 소회를 공유하는 것으로 대신하려 합니다.

동서학원 설립자 장성만 박사님 소천 7주기에 부쳐

사람이라면 누구나 성취해야 할 임무를 안고 태어납니다.

누군가는 그것을 '꿈' 혹은 '목표'라고 하고 또 다른 이는 '비전'이라고 말합니다.

그 범위와 넓이, 깊이는 다르지만 어쨌든 이 땅에서 살아가는

동안 각자가 부지런히 지켜야

할 스스로와의 약속이라는 점은 동일합니다. 그 임무가 있기에 사람은 자신에게 주어진 시간을 허투루 사용하지 않고 삶을 소중히 여기려고 애씁니다.

여기 평생을 자신과의 약속, 나아가 하나님과의 약속을 지키기 위해 고군분투했던 한 인물이 있습니다. 바로 경남정보대학교와 동서대학교, 부산디지털대학교를 아우르는 동서학원의 장성만 설립자님입니다. 설립자님은 83년 평생 하나님이 주신 세 가지 사명을 따르며 사셨습니다. 50년간 헌신했던 목회자의 길, 40년간 몸 담았던 교육자의 길, 마지막으로는 10년간 국민의 발이 되어 뛰었던 정치인의 길이 바로 그것입니다.

너나 할 것 없이 모두가 살기 어려웠던 시절, 청년 장성만은 가진 것이라곤 아무것도 없는 현실 속에서도 원대한 꿈을 키웠습니다. 일찌감치 발견한 사명을 좇아 기독교 신앙 안에서 실력을 지닌 기술 인재를 길러내겠다는 꿈을 이루기 위해 맨손으로 도전했습니다.

설립자님은 "성경과 보습을 들고"라는 슬로건을 내세우며 아무것도 없는 땅에 학교를 짓기 시작하셨습니다. 그의 비전은 부산 최초의 2년제 전문대학과 4년제 공과대학교라는 결실이 되었고 오늘날의 경남정보대학교(1965년 개교), 동서대학교(1992년 개교), 부산디지털대학교(2001년 개교)로 이어지고 있습니다. 이것

이 가능했던 것은 "주님이 허락하신 능력 안에서 모든 것을 할 수 있다"라는 확고한 믿음이 있었기 때문입니다.

설립자님은 자신을 돕는 인연 하나하나를 소중히 여기셨고, 언제나 작은 위로, 씨앗 한 톨, 미약한 불빛, 1%의 가능성 등 보잘것없어 보이는 것을 남다른 눈으로 바라보셨습니다.

뿐만 아니라 어떤 가치를 측정할 때도 있는 그대로의 '물리적인 크기'보다 '작은 것이 큰 것이 될 수 있다'는 신념으로 판단하셨습니다. 사람들이 눈앞에 보이는 '도토리'만 보고 지나갔다면, '떡갈나무를 품은 도토리'로 보고 가치를 판단하는 분이셨습니다.

이러한 생각은 목회자, 교육자, 정치인으로 사는 동안 설립자님의 독특한 철학이 되었습니다.

설립자님으로부터 배울 수 있는 또 하나의 자세는 '한결같음'입니다.

동서학원이 견고하게 자리를 잡았을 때도, 생각지도 못했던 세 번째 부르심을 받고 정치인의 길로 들어서게 되었을 때도 당신께서는 한결같이 겸손하셨습니다. 책상머리에 앉아 으스대는 사람이 아닌, 발로 뛰는 '국민의 노복'을 지향하셨습니다. 오늘날 우리가 누리는 복지 정책의 일부는 정치인 장성만의 이러한 신념이 담긴 것들입니다.

저는 주경야독을 하며 대학을 다니던 시절, 강연장에서 처음 설립자님을 만났습니다. 설립자님은 강연자, 저는 청중으로 자리한 대학생들 중 한 명이었습니다. 강연 중에 설립자님은 "어떤 일이 있어도 꿈을 포기하지 말라" 라는 메시지를 전하셨습니다. 당시 어려운 환경에서 공부하던 저에게 그 말은 왠지 모를 위로로 다가왔습니다. 그로부터 정확히 8년 후, 무작정 설립자님을 찾아가 그동안 어떻게 공부를 했고 꿈을 이루기 위해 차근차근 준비를 했는지 이야기를 꺼냈습니다. 많이 당황하셨을 텐데도 설립자님은 주의 깊게 이야기를 듣고 격려를 아끼지 않으셨습니다.

이 일이 계기가 되어 설립자님과 저는 34년 동안 스승과 제자의 연을 쌓아갔습니다. 지금 제 삶을 이루는 좋은 습관과 인간관계를 맺는 법, 가족과 주변 이들을 아끼는 법, 신앙심, 일을 대하는 자세 등은 모두 설립자님으로부터 배운 것입니다.

설립자님은 언제나 "성공하려면 우선 심어야 합니다. 심는 것은 반드시 열매가 있습니다. 꿈을 심으십시오. 비전을 심으십시오. 여러분의 미래가 풍성해질 것입니다"라는 말로 '심음의 법칙'을 전하셨습니다. 세상 모든 것이 뿌리는 대로 거두어지니, 시간을 낭비하지 말고 부지런히 자신의 사명을 다할 것을 강조한 것입니다. 그러면서도 환경에 가로막혀 있는 청년들을 위로하기 위해 애쓰셨습니다. 당신께서는 어려운 상황에서도 여러 좋은 인연들의 도움으로 유학을 마친 경험이 있었고, 그렇기에 만만치 않은 세상살이에 지친 젊은이들에게 희망과 용기를 담아 마음으로 격려해 주고자 하셨습니다.

장성만 설립자님의 저서 중 하나인《빌사일삼》의 머리말에는 다음과 같이 구절이 있습니다.
"나는 이 책이 젊은이들에게 작은 희망이 되기를 소망한다…
(중략) …희망을 잃은 사람들, 인생의 짐이 무거워 탄식하는 사람들, 미래에 두려움을 가진 젊은이들에게 '작은 위로'가 된다면 이보다 더한 보람이 없을 것이다"

KIT 가족 여러분

설립자님은 생전 자신이 어떠한 업적을 남긴 인물로 기억되기

보다는 인생의 후학들 곁에서 따뜻하게 조언하는 삶의 멘토로 남기를 바라셨습니다. 이것이 당신께서 삶을 살아가는 방식이자 근본이셨습니다.

이제 설립자님이 우리 곁을 떠나신 지 7년이 지났습니다. 하지만 평생을 '꿈꾸는 청년'으로 살아오신 그 숭고한 뜻과 신념은 우리 대학 구석구석에서 면면히 살아 숨 쉬고 있습니다.

특히 모든 대학이 전례 없는 안팎의 어려움으로 힘든 시기를 겪고 있는 요즘입니다.

설립자님께서 남겨놓으신 유산들은 "내게 능력 주시는 자 안에서 내가 모든 것을 할 수 있느니라" (빌립보서 4장 13절) 라는 말씀처럼 우리에게 어떤 역경도 극복할 수 있다는 비전을 제시해주고 있습니다.

여러분도 설립자님의 이 같은 삶에 공감하고 동행 의식을 가져주었으면 합니다. 덧붙여 오늘 하루도 장성만 설립자님께서 만들어주신 넉넉한 울타리 안에서 깨어 기도하며 주어진 일에 최선을 다하고, 예수 잘 믿는 우리 KIT 가족 모두가 되길 간절히 기도드립니다. 올 한해 우리 교수님, 직원 선생님들의 열정과 수고에 무한한 감사와 사랑을 보냅니다. (2022. 12. 6)

28. 행복한 성탄절
하나님의 은혜가 가득 하시길

사랑하는 KIT 가족 여러분

학사 업무에 지친 하루하루 얼마나 노고가 크셨습니까?

늘 감사드립니다.

행복한 성탄절, 하나님의 은혜가 가득하시길 기도드립니다.

(2022. 12. 23)

29. 금년 한 해 수고 많으셨습니다

숨 가쁘게 달려온 금년 한 해도 정말 수고 많으셨습니다. 그리고 참으로 고마웠습니다.

참좋은 KIT 가족 여러분들과 함께 한 해를 살았다는 것은 넘치는 행복이고 한량없는 감사입니다.

세월은 흐를수록 아쉬움이 크지만 세상은 알수록 만족함이 커진답니다. 함께했던 올 한해 즐거웠고 행복했습니다. 내 마음에 남은 따뜻한 사랑과 깊은 관심은 2023년도에 더 좋은 결과를 만드는 영양분으로 쓰겠습니다.

어려운 대학 환경이지만 서로를 위하는 마음으로 더욱더 대학 발전에 노력하며, 우리 모두가 힘을 합쳐 최고의 대학을 만들어가면 좋겠습니다.

남은 2022년도 마무리 잘하시기 바랍니다.

오늘부터 이틀 동안 연말 집중휴가, 모처럼 가족들과 함께 행복한 시간 되시길 기도드립니다.

2023년도에도 넘치는 행복을 누리시기 바라며 하시고자 하는 모든 일들이 성취되시길 바랍니다. 새해 복 많이 받으십시오.

(2022. 12. 29)